Fiabilidad Industrial

Ejercicios Resueltos
Casos Prácticos
Prácticas de Laboratorio

Juan Carlos García Díaz

Profesor Titular de Universidad
Departamento de Estadística e I.O. Aplicadas y Calidad
Escuela Técnica Superior de Ingenieros Industriales
Universitat Politècnica de València

Asociación para el desarrollo del profesorado

Fiabilidad Industrial
Ejercicios Resueltos
Casos Prácticos
Prácticas de Laboratorio

Primera edición, 2016
Autor: Juan Carlos García Díaz
Edita: ADP Asociación para el desarrollo del profesorado
www.adp.com.es   www.librosfp.com
libros@adp.com.es

ISBN 978-1-365-22333-4

9 781365 223334

.... a Carlos y Javier

Contenidos

Capítulo 1. Modelos de Fiabilidad 7

Capítulo 2. Estimación y ensayos..........43

Capítulo 3. Fiabilidad de sistemas.........53

Capítulo 4. Casos Prácticos................81

Capítulo 5. Prácticas de Laboratorio... 103

Anexo 1......................................127

Anexo 2......................................129

CAPÍTULO 1

MODELOS DE FIABILIDAD

PROBLEMA N° 1

El tiempo hasta el fallo de ciertos componentes sigue una distribución normal de media 200 horas y desviación típica 30 horas. Se pide:

a) La probabilidad de que un elemento tenga una vida superior a las 250 horas.
b) La probabilidad de que un elemento tenga una vida entre 250 y 280 horas.
c) El percentil 5 y 50 de la distribución.
d) Representar gráficamente la función de densidad y fiabilidad de la variable tiempo hasta el fallo.

SOLUCIÓN

Sea T la variable aleatoria continua no negativa "duración o tiempo hasta el fallo del componente en horas". T sigue un modelo normal de valor medio 200 horas y desviación típica 30 horas.

a) La probabilidad de que un elemento tenga una vida superior a las 250 horas.

$$T \approx N(\mu = 200, \sigma = 30)$$

$$P(T > t) = 1 - P(T \leq t)$$

$$P(T \leq t) = F(t) = \Phi\left[\frac{t - \mu}{\sigma}\right]$$

donde $\Phi[z] = P(Z \leq z)$ y $Z \approx N(0,1)$

$$P(T > 250) = 1 - \Phi\left[\frac{250 - 200}{30}\right] = 1 - \Phi[1.67] =$$

$$1 - 0.9525 = 0.0475$$

b) La probabilidad de que un elemento tenga una vida entre 250 y 280 horas.

$$P(250 \leq T \leq 280) = P(T \leq 280) - P(T \leq 250) = F(280) - F(250) =$$

$$= \Phi\left[\frac{280 - 200}{30}\right] - \Phi\left[\frac{250 - 200}{30}\right] =$$

$$\Phi[2.67] - \Phi[1.67] = 0.9962 - 0.9525 = 0.0437$$

c) El percentil 5 de la distribución.

El percentil 100·p de una distribución de probabilidad será el valor tp solución de la ecuación $F(t_p) = P(T \leq t_p) = p$. En el caso de que $T \approx N(\mu, \sigma)$ tendremos:

$$F(t_p) = P(T \leq t_p) = \Phi\left[\frac{t_p - \mu}{\sigma}\right] = p$$

$$\Phi\left[\frac{t_p - 200}{30}\right] = 0.05 \rightarrow \frac{t_p - 200}{30} = -1.645 \rightarrow t_p = 150.65 \, horas$$

De forma general podemos escribir $t_p = \mu + z_p \sigma$ donde z_p es el *100p* percentil de una distribución normal estándar, N(0,1).

El percentil 50 es la mediana. En este caso la media y la mediana de una distribución normal coinciden al ser una distribución de probabilidad simétrica. En este caso $z_{0.5} = 0$ y por tanto:

$$t_{0.5} = \mu + z_{0.5}\sigma = \mu = 200 \ horas$$

d) Función de densidad y fiabilidad de la variable tiempo hasta el fallo

Función de densidad, f(t)

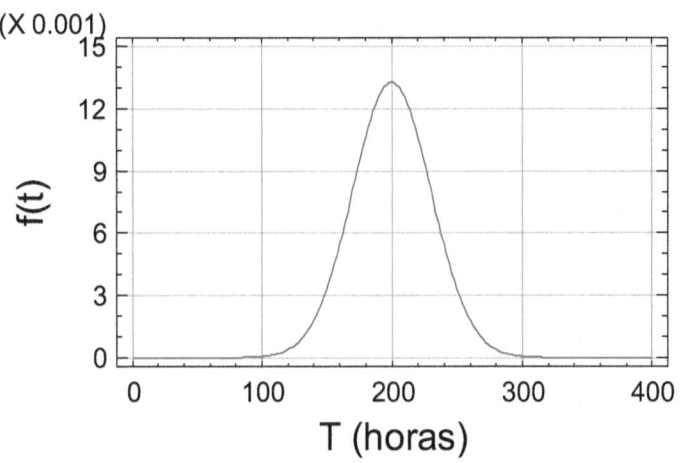

Función de fiabilidad, $R(t) = P[T > t] = 1 - \Phi\left[\dfrac{t - \mu}{\sigma}\right]$

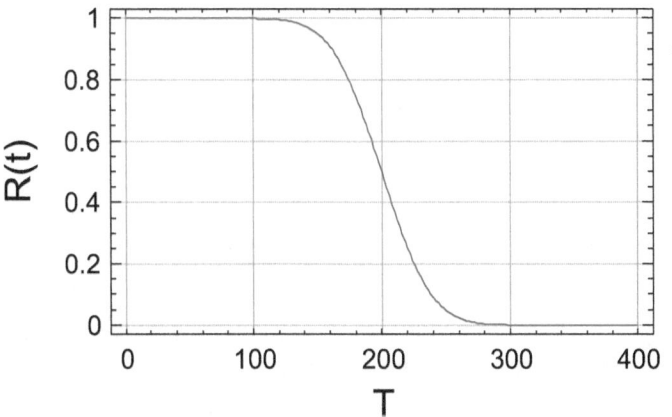

PROBLEMA Nº 2

Un ingeniero biomédico ha comprobado que el tiempo hasta el fallo (vida) de un determinado modelo de marcapasos sigue una distribución exponencial de media 15 años. Con esta información se desea contestar las siguientes cuestiones:

a) ¿A qué porcentaje de pacientes a los que se le implante dicho marcapasos se les deberá de reimplantar otro antes de 20 años?

b) Si el marcapasos lleva funcionando correctamente 10 años en un paciente, ¿cuál es la probabilidad de que haya que cambiarlo antes de 25 años?

SOLUCIÓN

Sea T la variable aleatoria "duración o tiempo hasta el fallo del marcapasos en años". T sigue un modelo exponencial de valor medio 15 años y por tanto podremos escribir:

$$T \approx EXP(\lambda) \rightarrow E[T] = \frac{1}{\lambda} = \theta = 15 \ años \rightarrow \lambda = \frac{1}{15}$$

a) La probabilidad de que un marcapasos tenga una vida inferior o igual a 20 años se puede calcular a través de la función de distribución acumulada $F(t) = P(T \le t)$:

$$F(20) = 1 - e^{-\frac{1}{15}20} = 0.7364 \rightarrow 73.64 \ \%$$

Luego prácticamente a 3 de cada 4 pacientes se le deberá reimplantar un nuevo marcapasos antes de los 20 años.

b) La probabilidad de que un marcapasos que ha funcionado correctamente más de 10 años dure más de 25 años se calcula aplicando la propiedad de la falta de memoria del modelo exponencial. Se debería cumplir que:

$$P(T > 25 / T > 10) = P(T > 10 + 15 / T > 10) = P(t > 15)$$

$$P(T > 25 / T > 10) = \frac{P(T > 25 \cap T > 10)}{P(T > 10)} = \frac{P(T > 25)}{P(T > 10)} =$$

$$\frac{e^{-\frac{1}{15}25}}{e^{-\frac{1}{15}10}} = e^{-\frac{1}{15}15} = 0.6321$$

$$P(t > 15) = e^{-\frac{1}{15}15} = 0.6321$$

luego efectivamente se comprueba que el modelo exponencial carece de memoria: en la duración que se espera que tenga el marcapasos, no influye el tiempo que ya ha funcionado.

PROBLEMA Nº 3

Se ha comprobado que la duración del tiempo de vida de ciertos componentes sigue una distribución exponencial de valor medio 8 meses. Se pide:

b) La probabilidad de que un elemento tenga una vida superior a los 10 meses.
c) La probabilidad de que un elemento tenga una vida entre 3 y 12 meses.
d) El percentil 95 de la distribución.
e) La probabilidad de que un elemento que ha durado ya más de 10 meses dure más de 25 meses.
f) La probabilidad de que el componente supere su vida media.
g) El plazo de garantía para que durante dicho periodo sólo hayan un 5 % de componentes que fallen.
h) Obtener la gráfica de la fiabilidad frente al tiempo.

SOLUCIÓN

Sea T la variable aleatoria continua no negativa "duración o tiempo hasta el fallo del componente en meses". T sigue un modelo exponencial de valor medio 8 meses y por tanto podremos escribir:

$$T \approx EXP(\lambda) \rightarrow E[T] = \frac{1}{\lambda} = \theta = 8 \ meses \rightarrow \lambda = \frac{1}{8}$$

La distribución del tiempo entre fallos de equipos reparables sigue con frecuencia el modelo exponencial. Por este motivo, el parámetro θ es conocido como MTBF o tiempo medio entre fallos (tiempo medio de buen funcionamiento).

La probabilidad de que un componente tenga una duración superior a 10 meses será la fiabilidad del componente a los 10 meses:

$$R(t) = e^{-\lambda t} \rightarrow R(10) = P(T > 10) = e^{-\frac{1}{8}10} = 0.2865$$

La probabilidad de que un elemento tenga una vida entre 3 y 12 meses se puede calcular a través de la función de distribución acumulada $F(t) = P(T \leq t)$:

$$P(3 \leq T \leq 12) = P(T \leq 12) - P(T \leq 3) = F(12) - F(3)$$

donde

$$F(12) = 1 - R(12) = 1 - e^{-\frac{1}{8}12} \quad y \quad F(3) = 1 - R(3) = 1 - e^{-\frac{1}{8}3}$$

luego

$$P(3 \leq T \leq 12) = 1 - e^{-\frac{1}{8}12} - \left(1 - e^{-\frac{1}{8}3}\right) = e^{-\frac{1}{8}3} - e^{-\frac{1}{8}12} = 0.47$$

a) El percentil *100p* de una distribución de probabilidad será el valor t_p solución de la ecuación $F(t_p) = P(T \leq t_p) = p$. En el caso del modelo exponencial

$$F(t_p) = P(T \leq t_p) = 1 - e^{-\frac{1}{\theta}t_p} = p$$

operando se tiene que:

$$t_p = -\theta \, Ln(1 - p)$$

para nuestro caso el percentil 95, tendremos

$$t_{0.95} = -\frac{1}{8} Ln(1-0.95) = 23.97 \ meses$$

y por tanto, en el 95 % de los casos la duración de los componentes será inferior a 24 meses o dos años. De otra forma, sólo el 5 % de los componentes van a superar los dos años de funcionamiento.

b)   La probabilidad de que un elemento que ha durado ya más de 10 meses dure más de 25 meses se calcula aplicando la propiedad de la falta de memoria del modelo exponencial. Se debería de cumplir que

$$P(T > 25 / T > 10) = P(T > 10 + 15 / T > 10) = P(t > 15)$$

$$P(T > 25 / T > 10) = \frac{P(T > 25 \cap T > 10)}{P(T > 10)} = \frac{P(T > 25)}{P(T > 10)} =$$

$$\frac{e^{-\frac{1}{8}25}}{e^{-\frac{1}{8}10}} = e^{-\frac{1}{8}15} = 0.1533$$

$$P(t > 15) = e^{-\frac{1}{8}15} = 0.1533$$

luego efectivamente se comprueba que el modelo exponencial carece de memoria.

c)   La probabilidad de que el componente supere su vida media será:

$$P(t > 8) = e^{-\frac{1}{8}8} = e^{-1} = 0.37$$

d) El plazo de garantía para que durante dicho periodo sólo hayan un 5 % de componentes que fallen será el percentil 5 y se determinará mediante la expresión derivada en el apartado c:

$$t_{0.05} = -\frac{1}{8} Ln(1 - 0.05) = 0.41 \ meses$$

e) la gráfica de la fiabilidad frente al tiempo, $R(t) = e^{-\lambda t}$:

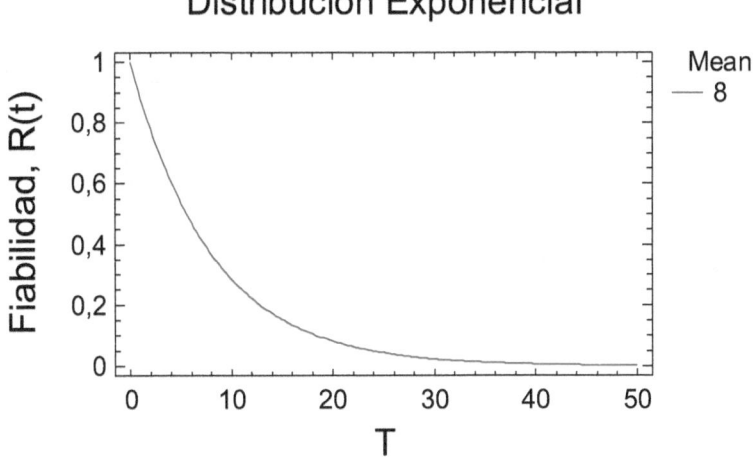

PROBLEMA Nº 4

La duración o tiempo hasta el fallo (vida) de un componente mecánico se distribuye según un modelo de Weibull de parámetro de escala 13 años y parámetro de forma 2. Se desea determinar:

a) el porcentaje de componentes que fallarán durante el periodo de garantía de 2 años,
b) la vida media y la vida mediana
c) la varianza y la desviación típica de la duración hasta el fallo,
d) plazo de garantía a establecer para que no más de un máximo de un 1 % de componentes fallen durante dicho periodo,
e) la probabilidad de que un elemento que ha durado ya más de 2 años dure más de 5 años.
f) representar gráficamente la función de densidad y fiabilidad de la variable tiempo hasta el fallo.

SOLUCIÓN

Sea T la variable aleatoria continua no negativa "duración o tiempo hasta el fallo del componente en meses". T sigue un modelo de Weibull de parámetro de escala 13 años y parámetro de forma 2; podremos escribir:

$$T \approx W(\theta = 13, \beta = 2)$$

a) El porcentaje de componentes que fallarán durante el periodo de garantía de 2 años

Calculamos la función de distribución de probabilidad acumulada hasta el instante $t = 2$:

$$F(t) = P(T \leq t) = 1 - \exp\left[-\left(\frac{t}{\theta}\right)^{\beta}\right]$$

$$F(2) = P(T \leq 2) = 1 - \exp\left[-\left(\frac{2}{13}\right)^2\right] = 1 - \exp(-0.02367) = 0.023 \rightarrow 2.3\%$$

Es decir, en el 2.3 % de los casos la duración de los componentes será inferior a 2 años. De otra forma, el 97.7 % de los bobinados van a superar los 2 años de funcionamiento y tendríamos que la fiabilidad de los componentes a los 2 años de funcionamiento R(2)=0.97.

b) **La vida media y la vida mediana** serán el valor medio y el valor mediano respectivamente de la variable T. Se calculan como sigue:

valor medio

$$E[T] = \theta\,\Gamma(1 + \frac{1}{\beta}) = 13\,\Gamma(1 + \frac{1}{2}) = 13\,\Gamma(1.5) = 13 \cdot 0.88623 = 11.23 \; a\tilde{n}os$$

en la tabla (Anexo1) de la función gamma encontramos $\Gamma(1.5) = 0.88623$

valor mediano
La mediana de una distribución de probabilidad es el percentil 50. Por tanto podemos escribir:

$$P(T \leq t_{0.5}) = 0.5$$

$$P(T \leq t_{0.5}) = 1 - \exp\left[-\left(\frac{t_{0.5}}{13}\right)^2\right] = 0.5 \quad \rightarrow \quad -\left(\frac{t_{0.5}}{13}\right)^2 = Ln(0.5)$$

$$t_{0.5} = 13\left[-Ln(1 - 0.5)^{1/2}\right] = 10.82 \; a\tilde{n}os$$

y por tanto, en el 50 % de los casos la duración de los componentes será inferior a 10.82 años. De otra forma, el 50 % de los componentes van a superar los 10.82 años de funcionamiento.

c) La varianza y la desviación típica de la duración hasta el fallo

La <u>varianza de T</u> en el caso de la distribución de Weibull es

$$VAR[T] = \sigma_T^2 = \theta^2 \left\{ \Gamma(1+\frac{2}{\beta}) - \left[\Gamma(1+\frac{1}{\beta}) \right]^2 \right\} = 13^2 \left\{ \Gamma(1+\frac{2}{2}) - \left[\Gamma(1+\frac{1}{2}) \right]^2 \right\} =$$

$$= 13^2 \left\{ \Gamma(2) - [\Gamma(1.5)]^2 \right\} = 13^2 \left\{ 1 - [0.88623]^2 \right\} \cong 36 \ a\tilde{n}os^2$$

buscando en la tabla (Anéxo 1) de la función gamma encontramos $\Gamma(2) = 1$ y $\Gamma(1.5) = 0.88623$

<u>Desviación estándar</u> $\sigma_T = \sqrt{\sigma_T^2} = \sqrt{36} = 6 \ a\tilde{n}os$

d) Plazo de garantía a establecer para que no más de un máximo de un 1 % de componentes fallen durante dicho periodo

El plazo de garantía no es más que un percentil de la distribución de probabilidad correspondiente. El percentil *100·p* de una distribución de probabilidad será el valor t_p solución de la ecuación $F(t_p) = P(T \leq t_p) = p$. En el caso del modelo de Weibull,

$$P(T \leq t_p) = 1 - \exp\left[-\left(\frac{t_p}{\theta} \right)^{\beta} \right] = p$$

Tomando logaritmos y operando se obtiene el percentil t_p

$$t_p = \theta \left[-Ln(1-p) \right]^{1/\beta}$$

y en nuestro caso

$$t_{0.01} = 13 \left[-Ln(1-0.01) \right]^{1/2} = 1.3 \ años$$

e) **La probabilidad de que un elemento que ha durado ya más de 2 años dure más de 5 años se calcula mediante**

$$P(T > 5 / T > 2)$$

$$P(T > t) = \exp\left[-\left(\frac{t}{\theta} \right)^{\beta} \right] = R(t)$$

$$P(T > 5 / T > 2) = \frac{P(T > 5 \cap T > 2)}{P(T > 2)} = \frac{P(T > 5)}{P(T > 2)} = \frac{R(5)}{R(2)}$$

Siendo

$$R(5) = \exp\left[-\left(\frac{5}{13} \right)^{2} \right] = 0.8625 \quad y$$

$$R(2) = \exp\left[-\left(\frac{2}{13} \right)^{2} \right] = 0.9766$$

y por tanto:

$$P(T > 5 / T > 2) = \frac{R(5)}{R(2)} = \frac{0.8625}{0.9766} = 0.8832$$

luego efectivamente se comprueba que el modelo de Weibull si tiene de memoria

f) Representar gráficamente la función de densidad y de fiabilidad de la variable tiempo hasta el fallo

La función de densidad de la distribución de Weibull de parámetros $\theta = 13$ y $\beta = 2$

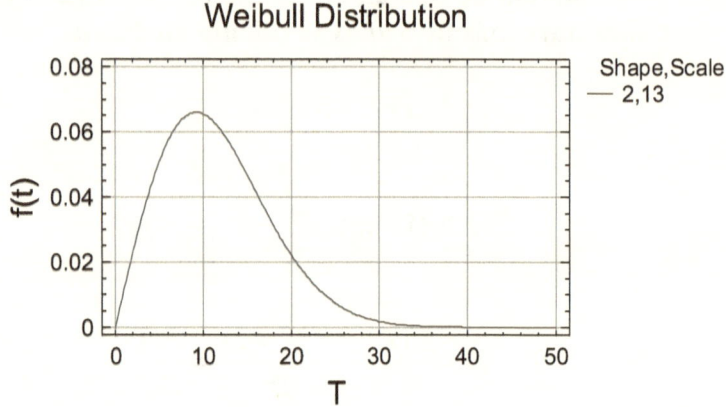

La función de fiabilidad de la distribución de Weibull de parámetros $\theta = 13$ y $\beta = 2$

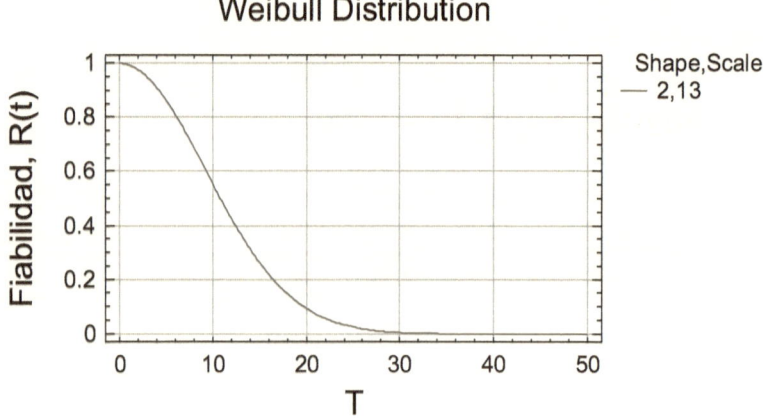

PROBLEMA Nº 5

La duración T en miles de ciclos hasta la rotura por fatiga de una determinada pieza metálica se ha constatado que sigue un modelo Log-Normal de parámetros $\mu = 5.345$ y $\sigma = 0.454$. Determinar:

a) La media y varianza de T.
b) La fiabilidad de la pieza a los 500000 ciclos de trabajo.
c) El plazo de garantía para que sólo hayan fallado un 5 % de las unidades.
d) La mediana de T.
e) Representar gráficamente la función de densidad y fiabilidad.

SOLUCIÓN

Se dice que la variable aleatoria T sigue un modelo Log-Normal de parámetros μ y σ si el logaritmo de T sigue un modelo Normal de media μ y desviación típica σ.

$$T \approx LogN(\mu, \sigma) \quad si \quad LnT \approx N(\mu, \sigma)$$

con media

$$E[T] = \exp\left[\mu + \frac{\sigma^2}{2}\right],$$

varianza

$$Var[T] = \exp(2\mu + \sigma^2)\{\exp(\sigma^2) - 1\}$$

y función de distribución

$$F(t) = \Phi\left[\frac{Ln(t) - \mu}{\sigma}\right].$$

La distribución Log-Normal es siempre no negativa y presenta asimetría positiva, siendo adecuada para modelizar variables del tipo "tiempo hasta el fallo" o similares.

a) La media y varianza de T

$$E[T] = \exp\left[5.345 + \frac{0.454^2}{2}\right] = 232.3 \, miles \ de \ ciclos$$

$$Var[T] = \exp(2\cdot5.345 + 0.454^2)\{\exp(0.454^2) - 1\} =$$

$$(53965.49)(0.2289) = 12352.7$$

$$DesvTip[T] = \sqrt{11750.224} = 111.14 \ miles \ de \ ciclos.$$

b) La fiabilidad de la pieza a los 500000 ciclos de trabajo

$$R(500) = P(T > 500) = 1 - P(T \le 500) = 1 - F(500) =$$

$$= 1 - \Phi\left[\frac{Ln(500) - 5.345}{0.454}\right] = 1 - \Phi[1.91] = 1 - 0.9719 = 0.0281$$

Es decir, sólo un 2.8 % de las piezas superarán los 500000 ciclos de trabajo

c) El plazo de garantía para que sólo hayan fallado un 5 % de las unidades.

El percentil *100p* en una distribución Log-Normal se determina mediante la expresión $t_p = \exp(\mu + z_p \sigma)$, donde z_p es el *100p* percentil de una distribución normal estándar, *N(0,1)*. En nuestro caso $z_{0.05} = -1.645$.

$$t_p = \exp[5.345 + z_{0.05} 0.454] = \exp[4.6] = 99.48 \; miles \; de \; ciclos$$

d) La mediana de T

En distribuciones asimétricas, la mediana es un parámetro "robusto" de posición y por tanto a utilizar preferentemente frente a la media. La mediana es el percentil 50 de la distribución. En este caso $z_{0.5} = 0$ y por tanto:

$$t_{0.5} = \exp[5.345 + z_{0.05} 0.454] = \exp[5.345] = 209.55 \; miles \; de \; ciclos$$

Como hemos comprobado la mediana de T es directamente exp(μ).

e) Representar gráficamente la función de densidad y fiabilidad.

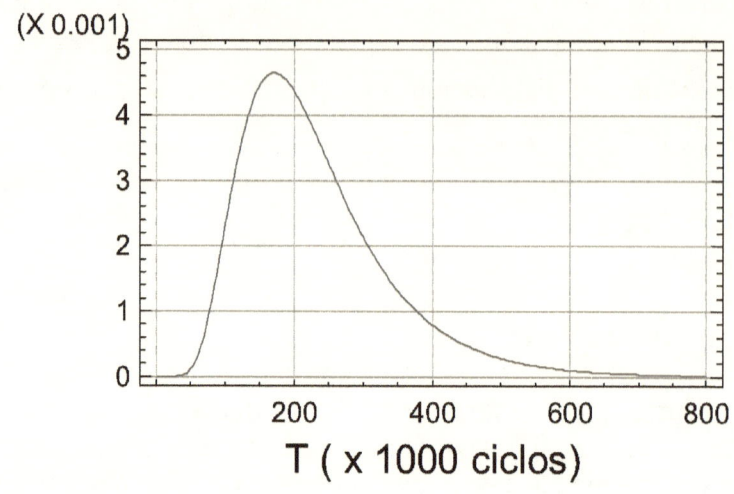

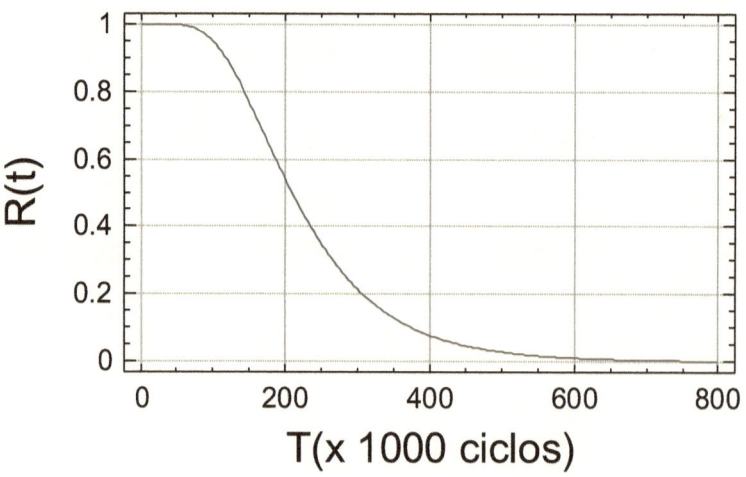

PROBLEMA Nº 6

Unas probetas de hormigón tienen resistencia a la compresión T hasta la rotura que sigue un modelo Log-Normal de parámetros $\mu = 5$ y $\sigma = 1$. Determinar:

a) Resistencia media de las probetas.
b) La probabilidad de que una probeta tenga una resistencia superior a 300 kg/cm^2.
c) La probabilidad de que una probeta tenga una resistencia entre 250 y 300 kg/cm^2.
d) La probabilidad de que una probeta tenga una resistencia inferior a 200 kg/cm^2.
e) Representar la función de densidad y la función de fiabilidad.

SOLUCIÓN

La variable aleatoria T sigue un modelo Log-Normal de parámetros μ y σ si el logaritmo de T sigue un modelo Normal de media μ y desviación típica σ.

$$T \approx LogN(5,1) \ \ si \ \ LnT \approx N(5,1)$$

a) La media de T

$$E[T] = \exp\left[\mu + \frac{\sigma^2}{2}\right] = \exp\left[5 + \frac{1^2}{2}\right] = \exp[5.5] = 244.7 \ kg/cm^2$$

b) La probabilidad de que una probeta tenga una resistencia superior a 300 kg/cm^2.

Recordemos que $F(t) = \Phi\left[\dfrac{Ln(t) - \mu}{\sigma}\right]$ y por tanto podemos calcular con ayuda de la tabla de la $N(0,1)$ la probabilidad pedida:

$$P(T > 300) = 1 - P(T \leq 300) = 1 - F(300) =$$

$$1 - \Phi\left[\frac{Ln(300) - 5}{1}\right] =$$

$$= 1 - \Phi(0.70) = 1 - 0.7580 = 0.242$$

c) La probabilidad de que una probeta tenga una resistencia entre 250 y 300 kg/cm^2.

$$P(250 \leq T \leq 300) = P(T \leq 300) - P(T \leq 250) = F(300) - F(250) =$$

$$= \Phi\left[\frac{Ln(300) - 5}{1}\right] - \Phi\left[\frac{Ln(250) - 5}{1}\right] = \Phi(0.70) - \Phi(0.52) =$$

$$0.7580 - 0.6985 = 0.0595$$

sólo el 6% de las probetas tendrán una resistencia entre 250 y 300 kg/cm^2.

d) La probabilidad de que una probeta tenga una resistencia inferior a 200 kg/cm^2.

$$P(T \leq 200) = F(200) = \Phi\left[\frac{Ln(200) - 5}{1}\right] =$$

$$\Phi(0.3) = 0.6179$$

e) Representar la función de densidad y la función de fiabilidad.

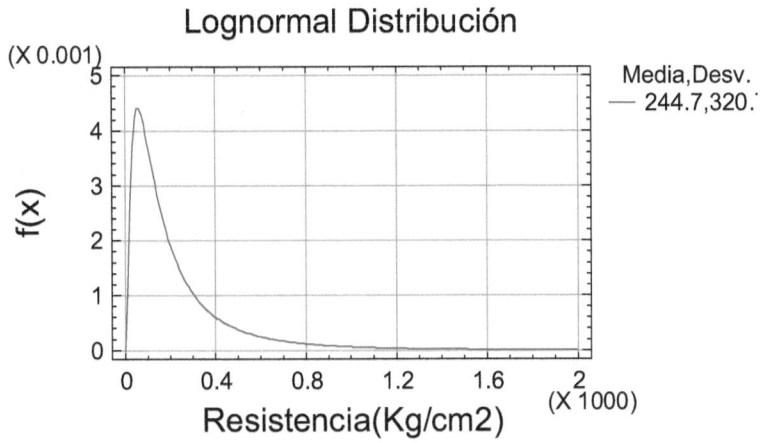

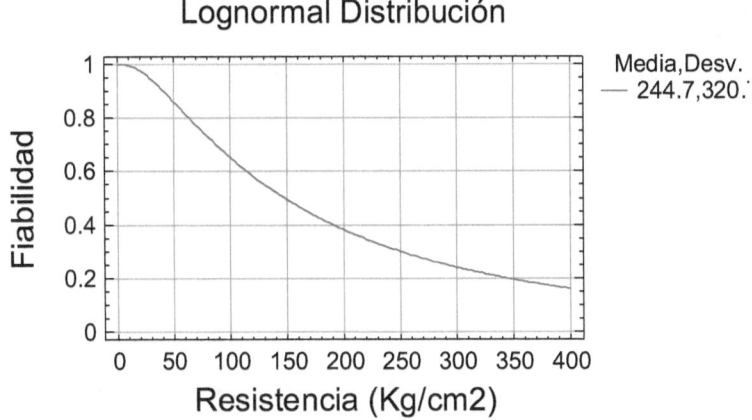

PROBLEMA Nº 7

El responsable de mantenimiento de una planta industrial ha recogido los datos de fallos de un conjunto de 50 válvulas mecánicas en su vida útil habiendo fallado 2 de ellas. Para realizar el programa anual de mantenimiento preventivo que se lleva actualmente en la empresa se desea saber:

a) Tasa de fallos anual para dichas válvulas.
b) Qué probabilidad tiene una válvula de fallar antes de alcanzar un tiempo de funcionamiento de 4 meses.
c) Cuál será la probabilidad de que la una válvula esté en funcionamiento al cabo de 6 meses.
d) Cuál será la probabilidad de que el tiempo de vida esté comprendido entre 4 y 6 meses.

SOLUCIÓN

a) La **tasa de fallos** será la relación entre el número de válvulas que han fallado y el número total de válvulas en funcionamiento:

$$\lambda = 2/50 = 0.04 \text{ fallos/año}$$

b) La probabilidad de que una válvula falle antes de un número determinado de meses viene expresado por la desfiabilidad $F(t)$:

$$F(t) = 1 - e^{-\lambda t}$$

con $\lambda = 0.04$ y t tiempo expresado en años. Luego, para $t = 1/3$ años, se tendrá:

$$F(1/3) = 1 - e^{-0.04/3} = 0.01324$$

La probabilidad de que el dispositivo falle antes de cuatro meses será del 1.32 %.

c) La **probabilidad de que no se haya producido el fallo antes de los 6 meses (1/2 años)** será la fiabilidad para ese tiempo, que resultará:

$$R(t) = e^{-\lambda t} = e^{-0.04/2} = 0.9980$$

Esto quiere decir que existe una probabilidad del 99.80 % de que una válvula no se averíe antes de los seis meses.

d) La **probabilidad de que el tiempo de vida esté comprendido entre 4 y 6 meses** será la diferencia entre la probabilidad de que falle antes de los 6 meses (1/2 años) y la de que falle después de los 4 meses (1/3 años); matemáticamente será la diferencia entre las desfiabilidades de ambos periodos de tiempo sea:

$$P(1/3 \leq T \leq 1/2) = F(1/2) - F(1/3) =$$

$$\left[1 - e^{-0.04/2}\right] - \left[1 - e^{-0.04/3}\right] = e^{-0.04/3} - e^{-0.04/2} =$$

$$0.9868 - 0.9802 = 0.00655$$

PROBLEMA Nº 8

La duración T en miles de ciclos hasta la rotura por fatiga de una determinada pieza se ha constatado que sigue un modelo Log-Normal de parámetros $\mu = 5.345$ y $\sigma = 0.454$.

a) Se está estudiando una secuencia de tareas de mantenimiento preventivo para evitar paradas no programadas por fallo de dicha pieza. ¿Cada cuantos ciclos deberá sustituirse dicha pieza si se quiere asegurar una fiabilidad del 85 %?

b) Calcular el valor de la función de riesgo para de la pieza a los 100000 y 200000 ciclos de trabajo.

c) Se decide reemplazar preventivamente la pieza cada 100000 ciclos. ¿Cuál sería la probabilidad de que la pieza no fallara antes del 2º reemplazamiento sin haber realizado el primer reemplazamiento?

d) El ingeniero de mantenimiento adoptó como política de mantenimiento no cambiar la pieza hasta que falle. Determinar la probabilidad de que la pieza funcione 100 ciclos más sabiendo que la pieza lleva funcionando 500 mil ciclos.

e) En el mismo caso que el apartado anterior, determinar la probabilidad de que la pieza funcione 100 mil ciclos más sabiendo que la pieza lleva funcionando 600 mil ciclos

SOLUCIÓN

a) **La fiabilidad del 85 % de la pieza a los t miles de ciclos de trabajo es**

$$R(t) = P(T > t) = 1 - P(T \leq t) = 1 - F(t) = 1 - \Phi\left[\frac{Ln(t) - 5.345}{0.454}\right] = 0.85$$

$$\Phi\left[\frac{Ln(t) - 5.345}{0.454}\right] = 0.15$$

de la tabla de la Normal estándar podemos obtener cuando debe de valer t

$$\Phi[z] = 0.85 \quad \rightarrow \quad z = -1.035$$

$$\frac{Ln(t) - 5.345}{0.454} = -1.035 \quad \rightarrow \quad t = \exp(4.8711) = 130.98 \text{ miles de}$$

ciclos

b) **Función de riesgo.**

La función de riesgo h(t) es la tasa de fallo para un instante t y se puede calcular mediante el cociente entre la función de densidad f(t) y la función de fiabilidad a dicho instante t, R(t):

$$h(t) = f(t) / R(t)$$

La representación gráfica de h(t) recibe en nombre de curva de la bañera. En el caso del modelo Log-Normal la función de densidad adopta la siguiente forma:

$$f(t) = \frac{1}{t\sigma\sqrt{2\pi}} \exp\left[-\frac{1}{2}\left(\frac{Ln(t) - \mu}{\sigma}\right)^2\right]$$

y, como ya sabemos, la función de fiabilidad es

$$R(t) = 1 - \Phi\left[\frac{Ln(t) - \mu}{\sigma}\right]$$

Para t = 100 mil ciclos, tenemos:

$$f(100) = \frac{1}{100 \cdot 0.454\sqrt{2\pi}} \exp\left[-\frac{1}{2}\left(\frac{Ln(100) - 5.345}{0.454}\right)^2\right] = 0.00233$$

$$R(100) = 1 - \Phi\left[\frac{Ln(100) - 5.345}{0.454}\right] = 1 - \Phi[-1.63] = 1 - 0.0516 = 0.9484$$

$$h(100) = \frac{f(100)}{R(100)} = \frac{0.00233}{0.94840} = 0.002457 \; fallos / mil \; ciclos$$

o, lo que es lo mismo, 1 fallo cada 407 mil ciclos. Y para t = 200 mil ciclos, tenemos:

$$h(200) = \frac{f(200)}{R(200)} = \frac{0.00437}{0.54090} = 0.00808 \; fallos / mil \; ciclos$$

o, lo que es lo mismo, 1 fallo cada 124 mil ciclos.

Luego parece más interesante realizar el mantenimiento preventivo de la pieza cada 100 mil ciclos de trabajo.

c) **La probabilidad de que la pieza no fallara antes del 2º reemplazamiento sin haber realizado el primer reemplazamiento sería:**

$$P(T > 200/T > 100) = P(T > 100 + 100/T > 100) =$$

$$\frac{P(T > 200)}{P(T > 100)} = \frac{R(200)}{R(100)} = \frac{0.5409}{0.9484} = 0.5703$$

d) **La probabilidad de que la pieza funcione 100 ciclos más sabiendo que la pieza lleva funcionando 500 mil ciclos:**

$$P(T > 600/T > 500) = P(T > 500 + 100/T > 500) =$$

$$\frac{P(T > 600)}{P(T > 500)} = \frac{R(600)}{R(500)} = \frac{0.01025}{0.027715} = 0.37$$

e) **La probabilidad de que la pieza funcione 100 mil ciclos más sabiendo que la pieza lleva funcionando 600 mil ciclos:**

$$P(T > 700/T > 600) = P(T > 600 + 100/T > 600) =$$

$$\frac{P(T > 700)}{P(T > 600)} = \frac{R(700)}{R(600)} = \frac{0.003946}{0.01025} = 0.3850$$

Observamos que esta probabilidad es ligeramente mayor que la obtenida en el apartado anterior. La explicación a este hecho es la siguiente. Si observamos la representación gráfica de la función de riesgo o tasa de fallo instantánea, podemos ver cómo, aunque inicialmente es creciente, a partir de los 400 mil ciclos la tasa de fallos decrece.

Entre los 100 mil y los 300 mil ciclos es cuando hay mayor probabilidad de avería de la pieza multiplicando por 5 la tasa de fallo.

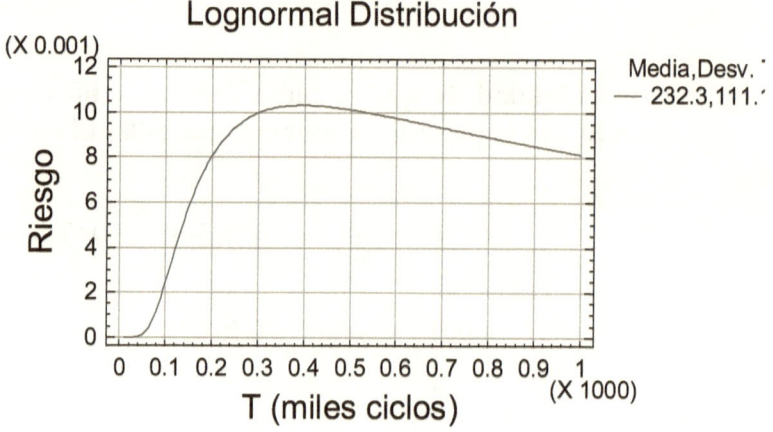

PROBLEMA N° 9

Una envasadora vertical de frutos secos dispone de un sistema de arrastre del film de polipropileno compuesto por una correa y una resistencia eléctrica que produce el termosellado del paquete. Las especificaciones del fabricante de la envasadora establecen que la tasa de fallos de la correa de arrastre es creciente con el tiempo según la expresión $\lambda(t) = 10^{-8} + 5 \cdot 10^{-10} \cdot t^2$, donde t se mide en horas. El objetivo de fiabilidad marcado por la Dirección Técnica es que todos los elementos de la planta tengan una fiabilidad del 95 % al cabo de un año. La máquina trabaja tres turnos, 365 días al año. Determinar cuantas veces se deberá reemplazar preventivamente la correa para alcanzar el objetivo de fiabilidad.

SOLUCIÓN

Llamamos T a la variable aleatoria "tiempo entre fallos de la correa en horas". El sistema presenta tasa de fallo creciente con el tiempo y por tanto se encuentra sometido a fallos por desgaste. La *política de mantenimiento* consiste en hacer un mantenimiento preventivo *(PM)* sistemático al cabo de un tiempo T_{PM} de forma que se asegure una fiabilidad mínima, $R_0(t)$, del sistema desde el instante $t = 0$. Consideramos que el *PM* restaura al sistema al estado como nuevo. En este caso el *PM* se llevará a cabo a intervalos regulares $0, 1T_{PM}, 2 T_{PM}, 3 T_{PM}..., nT_{PM}$.

La función de fiabilidad $R_0(t)$ puede ser calculada de la siguiente manera teniendo en cuenta las siguientes consideraciones. Se cumple que $t = nT_{PM} + t^*$, siendo $t^* < T$ y por tanto la probabilidad de superar el instante t, $R_0(t)$, vista desde el instante cero, es

$$R_0(t) = R(t), \qquad para \ 0 \leq t < T_{PM}$$

$R_0(t) = [R_0(T_{PM})]^n R_0(t\text{-}n\ T_{PM})$ para $T_{PM} \le t < (n+1)T_{PM}$, $n \ge 1$

Sin pérdida de generalidad se puede considerar que $R(t\text{-}n\ T_{PM}) = 1$, es decir, que antes de transcurrido el plazo T_{PM} el sistema no falla y por tanto podemos considera que

$$R_0(t) = [R_0(T_{PM})]^n$$

En la figura se puede observar la fiabilidad alcanzada por el sistema sometido a *PM* sistemático $R_0(t) = R_S(t)$ y la fiabilidad del sistema, $R(t)$, cuando no está bajo la política de *PM*.

En nuestro caso $R_0(t) = 0.95$ y por tanto, podemos escribir:

$$[R_0(T_{PM})]^n = 0.95 \rightarrow n\,Ln[R_0(T_{PM})] = Ln(0.95)$$

Por otra parte conocemos la relación entre la función de fiabilidad y la función de tasas de fallo:

$$R_0(T_{PM}) = \exp\left[-\int_0^{T_{PM}} \lambda(t)dt\right]$$

$$\int_0^{T_{PM}} \lambda(t)dt = \int_0^{T_{PM}} \left(10^{-8} + 5 \cdot 10^{-10} t^2\right)dt = 10^{-8}T_{PM} + \frac{5}{3}10^{-10}T_{PM}^3$$

$$R_0(T_{PM}) = \exp\left[-10^{-8}T_{PM} - \frac{3}{5}10^{-10}T_{PM}^3\right]$$

$$n \cdot Ln\left[\exp\left(-10^{-8} \cdot T_{PM} - \frac{3}{5}10^{-10} \cdot T_{PM}^3\right)\right] = n\left(-10^{-8} \cdot T_{PM} - \frac{3}{5}10^{-10}T_{PM}^3\right) = Ln(0.95)$$

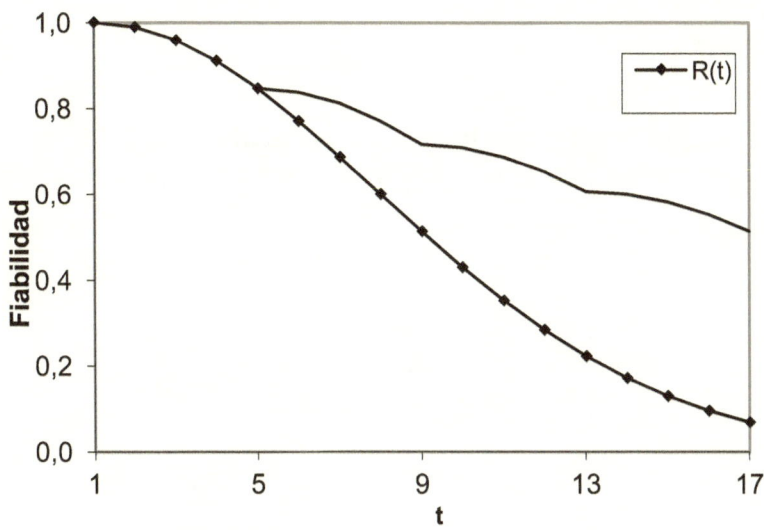

Por otra parte conocemos la relación entre la función de fiabilidad y la función de tasas de fallo:

$$R_0(T_{PM})=\exp\left[-\int_0^{T_{PM}}\lambda(t)dt\right]$$

$$\int_0^{T_{PM}}\lambda(t)dt = \int_0^{T_{PM}}\left(10^{-8}+5\cdot10^{-10}t^2\right)dt = 10^{-8}T_{PM}+\frac{5}{3}10^{-10}T_{PM}^3$$

$$R_0(T_{PM})=\exp\left[-10^{-8}T_{PM}-\frac{3}{5}10^{-10}T_{PM}^3\right]$$

$$n\,Ln\left[\exp\left(-10^{-8}\,T_{PM}-\frac{3}{5}10^{-10}\,T_{PM}^{3}\right)\right]=n\left(-10^{-8}\,T_{PM}-\frac{3}{5}10^{-10}\,T_{PM}^{3}\right)=Ln(0.95)$$

Sabemos que la máquina trabaja 24 horas/día x 365 días/año = 8760 horas/año y por tanto el número n de cambios entre cambios de correa será $n=\dfrac{8760}{T_{PM}}$. Sustituyendo en la última ecuación tendremos que

$$\frac{8760}{T_{PM}}\left(-10^{-8}\,T_{PM}-\frac{3}{5}10^{-10}\,T_{PM}^{3}\right)=Ln(0.95)$$

$$8760\left(10^{-8}+\frac{3}{5}10^{-10}\,T_{PM}^{2}\right)=-Ln(0.95)$$

$$T_{PM}=\sqrt{\frac{5}{3}10^{10}\left(-\frac{Ln(0.95)}{8760}-10^{-8}\right)}\cong312\,horas\cong14\,días$$

Por tanto, el número de reemplazamientos al año será de

$$n=\frac{8760}{T_{PM}}=\frac{8760}{312}\approx28$$

Resumiendo, la política de mantenimiento a adoptar será la siguiente:

Elemento a mantener	correa da arrastre envasadora vertical
Tasa de fallos	$\lambda(t) = 10^{-8} + 5 \cdot 10^{-10} t^2$, ($t$ en horas)
Cota de fiabilidad al cabo de un año	95 %
Número de reemplazamientos a realizar	28
Tiempo entre reemplazamientos, T_{PM}	312 horas (14 días)

CAPÍTULO 2

ESTIMACIÓN Y ENSAYOS

PROBLEMA Nº 10

La fiabilidad de un componente electrónico está siendo investigada. El objetivo para el MTBF es de superar las 2000 horas. Se someten a ensayo 10 componentes de este tipo. El ensayo es detenido cuando han fallado 2 componentes a las 187 y a las 462 horas (ensayo truncado o limitado por fallos). Determinar si el tipo de componente ensayado cumple el objetivo marcado. Se desea utilizar un $\alpha = 0.05$.

SOLUCIÓN

En primer lugar vamos a estimar el MTBF de forma puntual:

$$\hat{\theta} = \frac{T}{r}$$

$$T = \sum_{i=1}^{r} t_i + (n-r)t_r \text{ con } n = 10 \text{ y } r = 2:$$

$$T = 187 + 462 + (10-2)462 = 4345 \text{ horas}$$

$$\hat{\theta} = \frac{T}{r} = \frac{4345}{2} = 2172.5 \text{ horas}$$

Con esta información podríamos creer que efectivamente el MTBF > 2000 horas que era el objetivo a alcanzar. Sin embargo, no podemos concluir de esta forma con nuestra investigación. Para obtener conclusiones acerca de la población de la cuál provienen las observaciones, necesitamos plantear un contraste de hipótesis del tipo:

$$H_0 : \theta = 2000 \text{ frente a } H_1 : \theta > 2000$$

El hecho de que el estadístico $\dfrac{2T}{\theta}$ sigue una distribución χ^2 de Pearson con $2r$ grados de libertad nos permite también realizar contrastes de hipótesis del tipo $H_0 : \theta = \theta_0$ frente a $H_1 : \theta > \theta_0$ en la forma habitual, utilizando el valor de T apropiado según el test sea con o sin reemplazamiento. Aceptaremos H_o si

$$\frac{2T}{\theta_0} < \chi_{2r}^{2(\alpha)}$$

Los valores de la chi-cuadrado que debemos de buscar en la tabla correspondiente (Anexo 2):

$$\frac{2T}{\theta_0} = \frac{2 \cdot 4345}{2000} = 4.345 < \chi_4^{2(0.05)} = 14.86$$

Por tanto no podemos rechazar H_o y debemos aceptar que no se alcanzará el objetivo marcado.

PROBLEMA Nº 11

Se desea determinar la fiabilidad de un componente electrónico que se haya en su vida útil. Se someten a ensayo 20 componentes de este tipo. El ensayo es detenido 2500 horas (ensayo limitado por tiempo) sin que se haya observado el fallo de ningún componente. Basado en este ensayo y con un nivel de confianza del 90 % ¿es realista esperar que dicho tipo de componente presente una fiabilidad del 85 % para un año de operación normal? Suponer que el funcionamiento es continuo durante todo un año.

SOLUCIÓN

Como el componente se haya en su vida útil, la variable aleatoria continua no negativa T "duración o tiempo hasta el fallo del componente en horas" sigue un modelo exponencial:

$$T \approx EXP(\lambda) \rightarrow E[T] = \frac{1}{\lambda} = \theta$$

En primer lugar debemos de calcular el tiempo medio hasta el fallo. Debido a que no ha habido ningún fallo *(r = 0)* durante el ensayo no podemos realizar una estimación puntual del MTBF del tipo de componente con la expresión:

$$MTBF = \hat{\theta} = \frac{T}{r}$$

Se hace necesario el determinar una cota mínima de θ mediante un intervalo de confianza unilateral mediante la expresión:

$$\hat{\theta} \geq \frac{2T}{\chi^{2(\alpha)}_{2 \cdot (r+1)}}$$

Como el nivel de confianza del $(1-\alpha)\cdot100\% = 90\% \rightarrow \alpha = 0.10$. El tiempo acumulado del test será:

$$T = nTr = 20\cdot2500 = 50000 \; horas$$

Los valores de la chi-cuadrado que debemos de buscar en la tabla correspondiente (Anexo 2):

$$\chi^{2(\alpha)}_{2\cdot(r+1)} = \chi^{2(0.10)}_{2} = 4.605$$

luego

$$\hat{\theta} \geq \frac{2T}{\chi^{2(\alpha)}_{2\cdot(r+1)}} = \frac{2\cdot50000}{4.605} = 21715.53 \; horas$$

Ya podemos calcular la fiabilidad para un año entero de funcionamiento continuo; t = 365·24= 8760 horas:

$$R(t)=e^{-\lambda t} =e^{-t/\theta} \Rightarrow R(8760) = P(T^* > 8760) =e^{-\frac{8760}{21715.53}} =$$

$$0.6680 < 0.85$$

Luego no se cumplen las expectativas de fiabilidad.

PROBLEMA Nº 12

100 componentes elegidos al azar son contrastados (sin reemplazamiento) de forma que el test es detenido cuando han fallado 9 componentes (test censurado o limitado por fallos). Si el tiempo hasta el fallo en horas fue:

60	115	370	415	508	560	630	820	900

Estímese suponiendo que la variable Tiempo hasta el fallo se distribuye según un modelo exponencial:

   a. la vida media y la tasa de fallo

   b. la fiabilidad a las 5000 horas

   c. construir un intervalo de confianza del 95 % de la vida media

   d. construir un intervalo de confianza del 95 % de la vida media si el test es con reemplazamiento.

   e. El fabricante de los componentes afirma que la vida media de los componentes que fabrica es estrictamente mayor que 5000 horas, ¿es aceptable dicha afirmación?

SOLUCIÓN

a) Vida media y tasa de fallo

Sea T^* la variable aleatoria continua no negativa "duración o tiempo hasta el fallo del componente en meses". T^* sigue un modelo exponencial de valor medio 8 meses y por tanto podremos escribir:

$$T^* \approx EXP(\lambda) \;\rightarrow\; E[T^*] = \frac{1}{\lambda} = \theta$$

Se trata de un test sin reemplazamiento, por tanto la estimación puntual del parámetro θ, $\hat{\theta}$, se realizará de la forma siguiente:

$$\hat{\theta} = \frac{T}{r}$$

donde el tiempo acumulado del test, T, se determina mediante la expresión

$$T = \sum_{i=1}^{r} t_i + (n-r)t_r$$

con $n = 100$ y $r = 9$:

T= 60+115+370+415+508+560+630+820+900 + (100-9)900 =

86278 horas

$$\hat{\theta} = \frac{T}{r} = \frac{86278}{9} = 9586.44 \; horas$$

$$\hat{\lambda} = \frac{1}{\hat{\theta}} = \frac{1}{99586.44} = 0.0001043 \; fallos \,/\, hora$$

es decir, 1 fallo cada 10000 horas de funcionamiento.

b) Fiabilidad a las 5.000 horas

$$R(t)=e^{-\lambda t} \;\Rightarrow\; R(5000) = P(T > 5000) = e^{-0.0001043 \cdot 5000} = 0.5936$$

Es decir; alrededor del 60 % de los elementos superarán las 5000 horas de funcionamiento mientras que un 40% fallarán antes.

c) Intervalo de confianza del 95 % de la vida media

Debido al hecho de que el estadístico $\dfrac{2T}{\theta}$ sigue una distribución χ^2 de Pearson con $2r$ grados de libertad, podemos construir el siguiente intervalo de confianza a un nivel de confianza del $(1-\alpha)\cdot 100\%$ para la vida media:

$$IC_{(1-\alpha)} = \left[\frac{2T}{\chi_{2\cdot r}^{2(\alpha/2)}} \; ; \frac{2T}{\chi_{2\cdot r}^{2(1-\alpha/2)}} \right]$$

donde $\chi_{2\cdot r}^{2(\alpha/2)}$ y $\chi_{2\cdot r}^{2(1-\alpha/2)}$ son, respectivamente, los valores que dejan a su derecha un área de $\alpha/2$ y $(1-\alpha/2)$ en la χ^2 con $2r$ grados de libertad. El IC calculado contendrá al verdadero valor de la vida media con una probabilidad 1-α.

En nuestro caso, para un nivel de confianza del 95 % le corresponde un valor de α de 0.05. Los valores de la chi-cuadrado que debemos de buscar en la tabla correspondiente (Anexo 2) serán los siguientes:

$$\chi_{2\cdot r}^{2(\alpha/2)} = \chi_{2\cdot 9}^{2(0.05/2)} = \chi_{18}^{2(0.025)} = 31.526$$

$$\chi_{2\cdot r}^{2(1-\alpha/2)} = \chi_{2\cdot 9}^{2(1-0.05/2)} = \chi_{18}^{2(0.975)} = 8.231$$

Podemos escribir el intervalo de confianza para θ como

$$IC_{95\%} = \left[\frac{2\cdot 86278}{31.526} \; ; \frac{2\cdot 86278}{8.231} \right] = \left[5473.45 \, ; 20964.16 \right]$$

d) Intervalo de confianza del 95 % de la vida media si el test es con reemplazamineto

En este caso, $T = nt_r = 100 \cdot 900 = 90000$ y por tanto:

$$IC_{95\%} = \left[\frac{2 \cdot 90000}{31.526} ; \frac{2 \cdot 90000}{8.231}\right] = \left[5709.6 ; 21868.5\right]$$

e) El fabricante de los componentes afirma que la vida media de los componentes que fabrica es estrictamente mayor que 5.000 horas, ¿es aceptable dicha afirmación?

El hecho de que el estadístico $\dfrac{2T}{\theta}$ sigue una distribución χ^2 de Pearson con *2r* grados de libertad nos permite también realizar contrastes de hipótesis del tipo $H_0 : \theta = \theta_0$ frente a $H_1 : \theta > \theta_0$ en la forma habitual, utilizando el valor de T apropiado según el test sea con o sin reemplazamiento. En nuestro caso tendremos el contraste:

$$H_0 : \theta = 5000 \text{ frente a } H_1 : \theta > 5000$$

Aceptaremos H_o si

$$\frac{2T}{\theta_0} < \chi_{18}^{2(0.05)}$$

$$\frac{2T}{\theta_0} = \frac{2 \cdot 86278}{5000} = 34.51 > \chi_{18}^{2(0.05)} = 28.87$$

Por tanto no podemos aceptar H_o y debemos aceptar H_1. La conclusión del test es que aceptamos la afirmación del fabricante.

CAPÍTULO 3

FIABILIDAD DE SISTEMAS

PROBLEMA Nº 13

El tiempo hasta el fallo de una turbina utilizada en un avión sigue un modelo de Weibull con parámetro de escala 2640horas y un parámetro de forma de 4. La política de mantenimiento de la compañía aérea es realizar una inspección de mantenimiento preventivo cada 800 horas de vuelo. Se montan 4 turbinas idénticas de este tipo en el avión que realiza el vuelo Madrid-Nueva York. El viaje dura 8 horas. Sabiendo que es necesario que funcionen al menos 2 de los 4 motores para suministrar al avión el empuje necesario para mantenerlo en vuelo, determinar:

a) la vida media y mediana de una turbina,
b) la probabilidad de que el avión cubra el vuelo Madrid-Nueva York sin problemas entre 2 mantenimientos preventivos,
c) Uds es el director de operaciones de la compañía aérea y tiene una duda. Existe la posibilidad de utilizar un avión con 2 motores, siendo necesario para su correcto vuelo sólo uno de ellos. ¿Qué opción es más fiable (2 o 4 motores)?

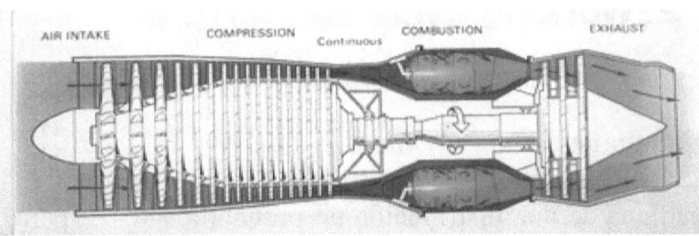

SOLUCIÓN

Se dice que un sistema con *n* componentes iguales e independientes tiene estructura *k*-de-*n* si de los *n* componentes basta que funcionen al menos *k* cualesquiera para que el sistema funcione correctamente. También se dice que el sistema tolera *n-k* fallos. La fiabilidad a un tiempo t de un sistema de este tipo viene determinada por la expresión:

$$R_S(t) = \sum_{i=k}^{n} \binom{n}{i} p^i (1-p)^{n-i}$$

Donde p es la fiabilidad del componente para un tiempo t.

a) Vida media de una turbina

Sea T la variable aleatoria continua no negativa "duración o tiempo hasta el fallo del componente en meses". $T \approx W(\theta = 2640, \beta = 4)$. El MTBF será:

$$E[T] = \theta\, \Gamma(1 + \frac{1}{\beta}) = 2640\, \Gamma(1 + \frac{1}{4}) = 2640\, \Gamma(1.25) =$$

$$2640 \cdot 0.9064 = 2394 \ horas$$

y en la tabla (Anexo 1) de la función gamma encontramos

$$\Gamma(1.25) = 0.9064$$

Vida mediana de una turbina

La mediana de una distribución de probabilidad es el percentil 50. Por tanto podemos escribir:

$$P(T \le t_{0.5}) = 0.5$$

$$t_{0.5} = \theta \cdot [-Ln(1-0.5)]^{\frac{1}{4}} = 2640[-Ln(0.5)]^{\frac{1}{4}} = 2408.85 \ horas$$

y por tanto, en el 50 % de los casos la duración de las turbinas será inferior a 2408 horas. De otra forma, el 50 % de los componentes van a superar a 2408 horas de vuelo.

b) la probabilidad de que el avión cubra el vuelo Madrid-Nueva York sin problemas entre 2 inspecciones consecutivas (800 horas de vuelo)

Para un sistema 2 de 4 tendremos que la fiabilidad del avión para una misión de $t = 800$ horas de vuelo será:

$$R_S(800) = \sum_{i=2}^{4} \binom{4}{i} p^i (1-p)^{4-i} =$$

$$\binom{4}{2} p^2 (1-p)^{4-2} + \binom{4}{3} p^3 (1-p)^{4-3} + \binom{4}{4} p^4 (1-p)^{4-4}$$

donde p es $P(T > t) = R(t) = R(800)$

$$p = R(800) = \exp\left[-\left(\frac{800}{2640}\right)^4\right] = 0.9916$$

$$R_S(800) = \binom{4}{2} p^2 (1-p)^{4-2} + \binom{4}{3} p^3 (1-p)^{4-3} + \binom{4}{4} p^4 (1-p)^{4-4}$$

recordemos que $\binom{n}{k} = \frac{n!}{(n-k)!\,k!}$

y por tanto $\binom{4}{2} = \frac{4!}{(4-2)!\,2!} = 6, \binom{4}{3} = 4$ y $\binom{4}{4} = 1.$

Luego podemos escribir:

$$R_S(800) = 6 \cdot 0.9916^2 (1 - 0.9916)^2 + 4 \cdot 0.9916^3 (1 - 0.9916)^1 +$$

$$0.9916^4 = 0.999996994 \cong 1$$

es decir, de la probabilidad de que el avión tenga algún problema en vuelo será F(800) = 1-R(800) = 1-0.999996994 = 0.000003; lo que significa que de un millón de aviones, de las características estudiadas, en 3 se podrían presentar problemas.

c) opción 2 motores

Se trata de un sistema 1 de 2:

$$R_S(800) = \sum_{i=1}^{2} \binom{2}{i} p^i (1-p)^{2-i} = \binom{2}{1} p^1 (1-p)^{2-1} + \binom{2}{2} p^2 (1-p)^{2-2}$$

$$= 2 \cdot 0.9916(1 - 0.9916) + 0.9916^2 = 0.99992944$$

lo que significa que de un millón de aviones, de las características estudiadas, en 70 se podrían presentar problemas.

PROBLEMA N° 14

El circuito de encendido de un quemador industrial de un horno de rodillos para la cocción de baldosas cerámicas está compuesto por un subsistema de dos electroválvulas (A y B conectadas en paralelo) conectado en serie a otra electroválvula (C). El tiempo hasta el fallo de las tres electroválvulas sigue la siguiente distribución:

- Electroválvulas A y B: distribución exponencial de media 72000 horas.

- Electroválvula C: distribución exponencial de media desconocida.

Resolver las siguientes cuestiones:

a) Si se requiere que la fiabilidad del sistema a las 5000 horas sea de 0.9218, ¿cuál deberá ser la vida media y la tasa de fallo del componente C?
b) Un cambio de proveedor obliga a estimar los parámetros de fiabilidad de la electroválvula tipo C. Para ello, se someten a un ensayo 20 electroválvulas elegidas al azar (sin reemplazamiento) de forma que el test es detenido cuando han fallado 8 componentes en los instantes 30, 95, 260, 385, 450, 520, 630 y 780 horas. Suponiendo que el tiempo hasta el fallo sigue el modelo exponencial, determinar la vida media y un intervalo de confianza al 95 % para dicho valor.
c) El nuevo proveedor afirma que la vida media de dichos componentes que fabrica es estrictamente mayor que 4500 horas. ¿es aceptable dicha afirmación?

SOLUCIÓN

Sea T la variable aleatoria continua no negativa "duración o tiempo hasta el fallo del componente en horas". T sigue un modelo exponencial de valor medio θ:

$$T \approx EXP(\lambda) \rightarrow E[T] = \frac{1}{\lambda} = \theta = MTBF$$

a) El esquema de conexión a estudiar aparece en la figura siguiente:

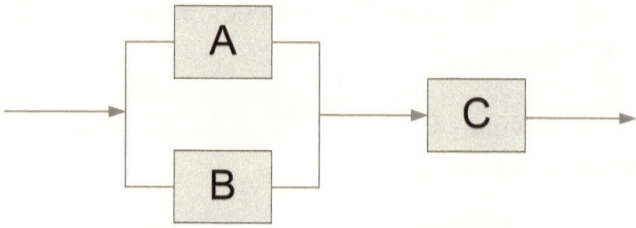

La fiabilidad del sistema anterior se podrá calcular mediante la expresión siguiente:

$$R_S(t) = [1 - (1 - R_A(t)(1 - R_A(t)]R_C(t)$$

Como sabemos $R_S(5000) = 0.9218$,

$R_A(5000) = R_B(5000) = \exp(-\dfrac{5000}{72000}) = 0.933$ podemos calcular

cuánto vale $R_C(5000)$:

$$0.9218 = [1 - (1 - 0.933)^2]R_C(5000) \rightarrow R_C(5000) =$$

$$\frac{0.9218}{1 - (1 - 0.933)^2} = 0.926$$

$$R_C(5000) = \exp(-\lambda_C 5000) = 0.926$$

tomando logaritmos y despejando obtenemos que la tasa de fallos para el componente C debe de ser:

$$\lambda_C = \frac{-Ln(0.926)}{5000} = 0.00001538 \;\; fallos/hora$$

y el tiempo medio entre fallos será:

$$E[T] = \frac{1}{\lambda} = \theta = MTBF = \frac{1}{0.00001538} = 65035.54 \;\; horas$$

b) **vida media**

Se trata de un test sin reemplazamiento, por tanto la estimación puntual del parámetro θ, $\hat{\theta}$, se realizará de la forma siguiente:

$$\hat{\theta} = \frac{T}{r}$$

donde el tiempo acumulado del test, T, se determina mediante la expresión $T = \sum_{i=1}^{r} t_i + (n-r)t_r$, con $n = 20$ y $r = 8$:

T= 30+95+260+385+450+520+630+780+(20-8)780=12510 horas

$$\hat{\theta} = \frac{T}{r} = \frac{12510}{8} = 1563.75 \;\; horas$$

$$\hat{\lambda} = \frac{1}{\hat{\theta}} = \frac{1}{1563.75} = 0.00064 \;\; fallos/hora$$

es decir, 7 fallos cada 10000 horas de funcionamiento.

Intervalo de confianza del 95 % de la vida media

Debido al hecho de que el estadístico $\dfrac{2T}{\theta}$ sigue una distribución χ^2 de Pearson con $2r$ grados de libertad, podemos construir el intervalo de confianza del $(1-\alpha)\cdot100\%$ para la vida media siguiente:

$$IC_{(1-\alpha)} = \left[\frac{2T}{\chi_{2 \cdot r}^{2(\alpha/2)}} \; , \; \frac{2T}{\chi_{2 \cdot r}^{2(1-\alpha/2)}} \right]$$

donde $\chi_{2 \cdot r}^{2(\alpha/2)}$ y $\chi_{2 \cdot r}^{2(1-\alpha/2)}$ son, respectivamente, los valores que dejan a su derecha un área de $\alpha/2$ y $(1-\alpha/2)$ en la χ^2 con $2r$ grados de libertad.

En nuestro caso, para un nivel de confianza del 95 % le corresponde un valor de $\alpha = 0.05$. Los valores de la chi-cuadrado que debemos de buscar en la tabla correspondiente (Anexo 2) serán los siguientes:

$$\chi_{2 \cdot r}^{2(\alpha/2)} = \chi_{2 \cdot 8}^{2(0.05/2)} = \chi_{16}^{2(0.025)} = 28.845$$

$$\chi_{2 \cdot r}^{2(1-\alpha/2)} = \chi_{2 \cdot 8}^{2(1-0.05/2)} = \chi_{16}^{2(0.975)} = 6.908$$

Podemos escribir el intervalo de confianza para $\hat{\theta}$ como

$$IC_{95\%} = \left[\frac{2 \cdot 12510}{28.845} , \frac{2 \cdot 12510}{6.908} \right] = \left[867.39 \, , \, 3621.89 \right]$$

Como primera conclusión de este análisis podemos decir que la vida media de las electroválvulas suministradas por el nuevo proveedor es mucho menor que la del proveedor actual. La fiabilidad a las 5000 horas será:

$$R_C(5000) = \exp(-\frac{5000}{1563.75}) = 0.0409$$

muy inferior a la fiabilidad del proveedor actual.

c) El hecho de que el estadístico $\frac{2T}{\theta}$ sigue una distribución χ^2 de Pearson con $2r$ grados de libertad nos permite también realizar contrastes de hipótesis del tipo $H_0 : \theta = \theta_0$ frente a $H_1 : \theta > \theta_0$ en la forma habitual, utilizando el valor de T apropiado según el test sea con o sin reemplazamiento. En nuestro caso tendremos el contraste:

$$H_0 : \theta = 4500 \text{ frente a } H_1 : \theta > 4500$$

Aceptaremos H_o si

$$\frac{2T}{\theta_0} < \chi_{16}^{2(0.05)}$$

$$\frac{2T}{\theta_0} = \frac{2 \cdot 12510}{4500} = 5.56 < \chi_{16}^{2(0.05)} = 26.296$$

Por tanto no podemos rechazar H_o. La conclusión del test es que NO aceptamos la afirmación del fabricante.

PROBLEMA Nº 15

Una industria cárnica dispone de un túnel de congelación atendido por un compresor frigorífico (C_1). Se sabe que el compresor se haya en su vida útil estimándose su tasa de fallos en 0.001 fallos/hora. La fiabilidad a las 100 horas de funcionamiento es de 0.9048. La dirección de la empresa no se encuentra satisfecha con esta cota de fiabilidad y desea alcanzar una fiabilidad para el año siguiente de 0.9950 a las 100 horas. El único recurso con el que cuenta el ingeniero de mantenimiento es un segundo compresor (C_2) de las mismas características que el ya instalado en el túnel. ¿Cómo debería de conectar dicho compresor a la instalación para alcanzar el objetivo marcado por la dirección?

SOLUCIÓN

Al estar C_1 en su periodo de vida útil, el tiempo hasta el fallo se pude modelizar adecuadamente mediante la distribución exponencial con tasa de fallos constante:

$$T \approx EXP(\lambda) \rightarrow E[T] = \frac{1}{\lambda} = \theta = MTBF = \frac{1}{0.001} = 1000 \, horas$$

La primera opción que se puede estudiar es la conexión en paralelo de C_1 y C_2, calculando la fiabilidad del sistema resultante. Si dispusiéramos ambos compresores en paralelo, la fiabilidad del conjunto a las 100 horas de funcionamiento sería:

$$R_S(t) = 1 - \left[(1 - R_{C1}(t))(1 - R_{C2}(t)) \right] \rightarrow R_S(100) = P(T > 100) =$$

$$1 - (1 - 0.9048)^2 = 0.9909$$

menor que 0.9950 y por tanto el objetivo no se alcanzaría.

Al sistema anterior se le conoce como redundancia activa ya que los dos compresores están funcionando desde el mismo instante inicial y basta que uno de ellos siga funcionando para el conjunto lo haga.

La otra opción que se puede manejar es introducir C_2 como redundancia pasiva (figura) lo que quiere decir que C_2 entraría en funcionamiento cuando fallase C_1 mediante un dispositivo de conmutación llamado Switch. Se diría entonces que C_2 se encuentra en standby o en reserva. La entrada en funcionamiento de la redundancia pasiva puede ser perfecta o no, dando lugar a los denominados cambios perfectos y cambios imperfectos.

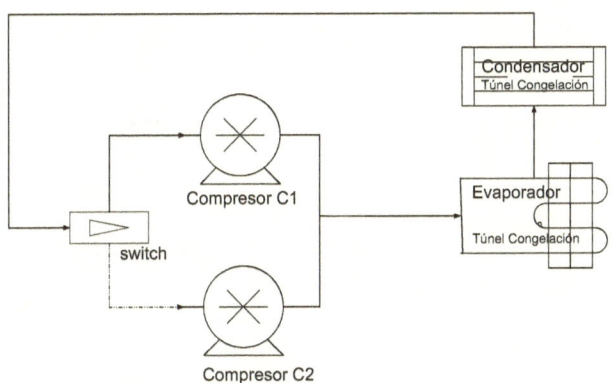

Como la tasa de fallos del componente considerado es constante, la fiabilidad a un tiempo t de funcionamiento viene dado $R(t) = \exp(-\lambda \cdot t)$. En el caso de tener un componente en standby o en reserva, la expresión que determina la fiabilidad del conjunto supuesto un cambio perfecto sería:

$$R_S(t) = \exp(-\lambda \cdot t)(1 + \lambda \cdot t)$$

En nuestro caso tendríamos

$$R_S(100) = P(T > 100) = \exp(-0.001 \cdot 100) \cdot (1 + 0.001 \cdot 100) = 0.9953$$
$$> 0.9950$$

con lo cual se habría conseguido el objetivo.

En el caso de que hubiera n componentes en standby idénticos y bajo el supuesto de distribución exponencial del tiempo hasta el fallo, la fiabilidad del sistema sería:

$$R_S(t) = \exp(-\lambda t)\left[\sum_{i=0}^{n} \frac{(\lambda t)^i}{i!}\right]$$

Por ejemplo, en el caso de que hubiera 2 componentes en standby :

$$R_S(t) = \exp(-\lambda t)\left[1 + \lambda t + \frac{(\lambda t)^2}{2}\right]$$

y en nuestro caso, si hubieran 2 compresores en reserva, la fiabilidad del sistema sería:

$$R_S(t) = \exp(-\lambda t)\left[1 + \lambda t + \frac{(\lambda t)^2}{2}\right] =$$

$$\exp(-0.001 \cdot 100)\left[1 + 0.001 \cdot 100 + \frac{(0.001 \cdot 100)^2}{2}\right] = 0.9998$$

Si el cambio del compresor C1 al C2 en caso de fallo no es perfecto, la fiabilidad del sistema se verá afectada por la fiabilidad del Switch. Vamos a considerar el caso en que cuando C1 falla, C2 sólo entra en funcionamiento con una determinada probabilidad Ps;

es decir, el cambio no siempre ocurre, es imperfecto. Por tanto la fiabilidad del sistema en estas condiciones será:

$$R_S(t) = \exp(-\lambda t)(1 + P_s \lambda t)$$

En nuestro caso si $P_s = 0.95$ tendremos

$$R_S(100) = P(T > 100) = \exp(-0.001 \cdot 100)(1 + 0.95 \cdot 0.001 \cdot 100) =$$

0.9908

menor que 0.9950 y por tanto el objetivo no se alcanzaría.

Cabría la posibilidad de utilizar otro compresor C3 más en reserva. En este caso la fiabilidad del sistema con cambio imperfecto se podría determinar mediante la expresión:

$$R_S(t) = \exp(-\lambda t)\left[1 + P_s \lambda t + P_s^2 \frac{(\lambda t)^2}{2}\right]$$

$$R_S(t) = \exp(-0.001 \cdot 100)\left[1 + 0.95 \cdot 0.001 \cdot 100 + 0.95^2 \frac{(0.001 \cdot 100)^2}{2}\right] =$$

0.995

Que sería aceptable. Llegado este momento sería más económico cambiar el Switch por otro de mayor fiabilidad.

PROBLEMA Nº 16

Una empresa del sector cerámico está planteándose adquirir una nueva planta de fabricación para producir un nuevo tipo de baldosa cerámica. La planta consta de una planta de atomización, cuatro líneas de prensado, secado y esmaltado y un horno de rodillos monococción. La configuración de la planta es la que aparece en la figura:

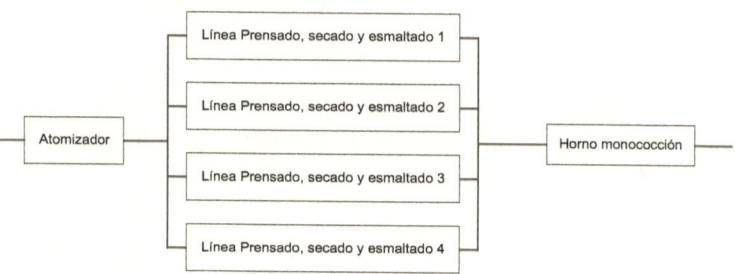

Al ser una planta de nueva instalación se considera que se encuentra en su periodo de vida útil. La instalación funcionará 24 horas/día y 365 días al año. La fiabilidad de los componentes de la instalación a un año de funcionamiento es la siguiente:

Atomizador	0.85
Línea prensado 1	0.90
Línea prensado 2	0.87
Línea prensado 3	0.92
Línea prensado 4	0.89
Horno monococción	0.90

Se ha estimado que el tiempo de reparación de cualquier avería de la planta sigue un modelo de Weibull de parámetros $\theta = 16$ horas y $\beta = 2$. El director de producción quiere asegurar una disponibilidad para el próximo año del 95 %. Determinar la disponibilidad de la planta para el próximo año y determinar si se alcanza el objetivo marcado por la dirección.

SOLUCIÓN

La disponibilidad se define como la probabilidad de que un sistema esté en condiciones de ser utilizado cuando el usuario lo requiere o la probabilidad de que el dispositivo esté funcionando. Se puede cuantificar mediante la siguiente expresión:

$$\text{Disponibilidad} = \frac{MTBF}{MTBF + MTTR}$$

Donde el MTBF es el tiempo medio entre fallos y el MTTR es el tiempo medio de reparación.

Para calcular el MTBF debemos calcular, en primer lugar, la fiabilidad de la planta a un año de funcionamiento (365 por 24 = 8760 horas).

La fiabilidad de la planta es la del sistema equivalente formada por un subconjunto de 4 elementos en paralelo que se encuentra en serie con 2 elementos. Por tanto podemos calcular la fiabilidad mediante:

$$R_{PLANTA}(8760) = R_{ATOMIZADOR}(8760) R_{SUBSIST}(8760) R_{HORNO}(8760)$$

$$R_{SUBSIST}(8760) = 1 - (1 - R_{L1})(1 - R_{L2})(1 - R_{L3})(1 - R_{L4}) =$$

$$= 1 - (1 - 0.90)(1 - 0.87)(1 - 0.92)(1 - 0.89) = 0.9998$$

Por tanto

$$R_{PLANTA}(8760) = 0.85 \cdot 0.9998 \cdot 0.90 = 0.7648$$

Sabemos que la planta se haya en su periodo de vida útil y por ello la distribución del tiempo hasta el fallo puede ser modelizada mediante el modelo exponencial.

$$R_{PLANTA}(8760) = \exp(-\lambda t) = \exp(-\lambda 8760) = 0.7648$$

despejando la tasa de fallo:

$$\lambda = \frac{-Ln0.7648}{8760} = 3.06 \cdot 10^{-5} \text{ fallos por hora}$$

$$MTBF = \frac{1}{\lambda} = \frac{100000}{3.06} = 32669.4 \text{ horas entre fallos}$$

El tiempo medio de reparación sigue un modelo de Weibull y por tanto podemos calcular su tiempo medio mediante la expresión:

$$MTTR = \theta \, \Gamma(1 + \frac{1}{\beta}) = 16 \, \Gamma(1 + \frac{1}{2}) = 16 \, \Gamma(1.5) = 16 \cdot 0.88623 = 14.18$$

horas

y por tanto la disponibilidad será:

$$\text{Disponibilidad} = \frac{MTBF}{MTBF + MTTR} = \frac{32669.4}{32669.4 + 14.18} = 0.9995$$

Que cubre ampliamente el objetivo marcado por la dirección de producción.

PROBLEMA Nº 17

Dado el sistema de la figura, determinar la fiabilidad del sistema, cuando se cumplen las siguientes condiciones:

1. Las válvulas de regulación tienen una probabilidad de fallo en la apertura (bloqueo) de $Fa=5 \cdot 10^{-3}$ y para el cierre (falta de retención) de $Fc=0,001$.

2. La fiabilidad de la válvula de retención $Rr = 0.99$.

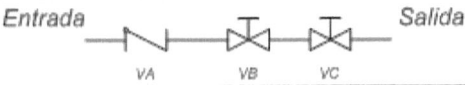

SOLUCIÓN

De la figura anterior determinamos que nos encontramos ante una disposición en serie de los elementos de fiabilidad. Por lo tanto, la fiabilidad del sistema resultará del siguiente modo:

$$R_S = R_{VA} R_{VB} R_{VC}$$

La fiabilidad de la válvula de retención está determinada por el problema, sin embargo la fiabilidad de cada una de las válvulas es necesario conocerlas.

Por lo tanto,

$$R(t) = 1 - F(t)$$
$$R_{VB} = R_{VC} = 1 - (Fa + Fc)$$
$$R_{VB} = R_{VC} = 1 - 0.006 = 0.994$$

Ahora podemos calcular la fiabilidad del sistema, que resulta ser:

$$R_S = 0.978$$

PROBLEMA N° 18

Calcular la fiabilidad para el sistema complejo siguiente.

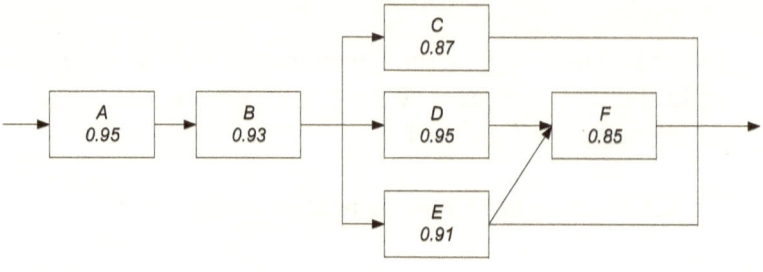

SOLUCIÓN

Para resolver este sistema, utilizaremos el método de los pasos, de modo que estableceremos los siguientes pasos simples:

$$P1 = ABC, \ P2 = ABDF, \ P3 = ABE, \ P4 = ABEF$$

Como el sistema funcionará si cualquiera de estos pasos simples esté en funcionamiento, podemos calcular la fiabilidad del sistema del siguiente modo:

$$R_S = P(P1 \cup P2 \cup P3 \cup P4)$$

Sustituyendo los pasos simples en la ecuación, obtenemos la siguiente expresión, que resolvemos:

$$R_S = P(ABC) + P(ABDF) + P(ABE) + P(ABEF) - P(ABC \cap ABDF)$$
$$- P(ABC \cap ABEF) - P(ABC \cap ABE) -$$
$$P(ABDF \cap ABEF) - P(ABDF \cap ABE) - P(ABEF \cap ABE)$$
$$+ P(ABC \cap ABDF \cap ABEF)$$
$$+ P(ABC \cap ABDF \cap ABE) + P(ABC \cap ABEF \cap ABE)$$
$$+ P(ABDF \cap ABEF \cap ABE) -$$
$$P(ABC \cap ABDF \cap ABEF \cap ABE)$$

$$R_S = P(ABC) + P(ABDF) + P(ABE) + P(ABEF) - P(ABCDF)$$
$$- P(ABCEF) - P(ABCE) - P(ABDEF)$$
$$- P(ABDEF) - P(ABEF) + P(ABCDEF)$$
$$+ P(ABCDEF) + P(ABCEF) + P(ABDEF)$$
$$- P(ABCDEF)$$

P(ABC)	0.7686
p(ABDF)	0.7134
p(ABEF)	0.6834
P(ABE)	0.8040
P(ABCDF)	0.6207
P(ABCEF)	0.5945
P(ABCE)	0.6995
P(ABDEF)	0.6492
P(ABDEF)	0.6492
P(ABEF)	0.6834
P(ABCDEF)	0.5648
P(ABCDEF)	0.5648
P(ABCEF)	0.5945
P(ABDEF)	0.6492
P(ABCDEF)	0.5648

Sustituyendo los valores en la ecuación anterior, obtenemos la fiabilidad del Sistema:

$$R_S = 0.8815$$

PROBLEMA Nº 19

Calcula la fiabilidad para el sistema complejo siguiente.

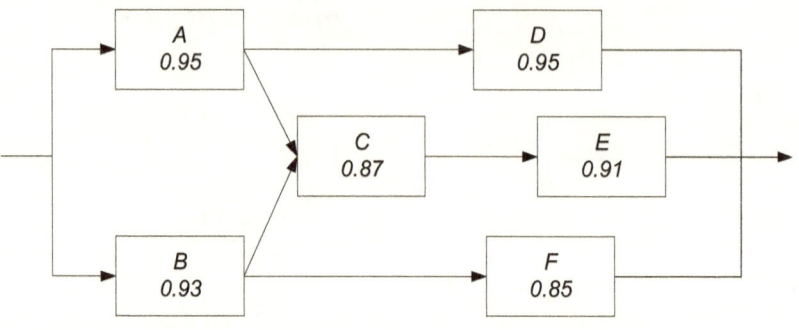

SOLUCIÓN

Del mismo modo que en el ejercicio anterior, obtenemos los pasos simples, de modo que:

P1=AD
P2=BF
P3=ACE
P4=BCE

La fiabilidad del sistema se obtendrá igual que antes del siguiente modo:

$$R_S = P(P1 \cup P2 \cup P3 \cup P4)$$

Sustituyendo los pasos simples en la ecuación, se obtiene la siguiente expresión:

$$R_S = P(AD) + P(BF) + P(ACE) + P(BCE) - P(AD \cap BF)$$
$$- P(AD \cap ACE) - P(AD \cap BCE) - P(BF \cap ACE)$$
$$- P(BF \cap BCE) - P(ACE \cap BCE)$$
$$+ P(AD \cap BF \cap ACE) + P(AD \cap BF \cap BCE)$$
$$+ P(AD \cap ACE \cap BCE) + P(BF \cap ACE \cap BCE)$$
$$- P(AD \cap BF \cap ACE \cap BCE)$$

$$R_S = P(AD) + P(BF) + P(ACE) + P(BCE) - P(ABDF)$$
$$- P(ACDE) - P(ABCDE) - P(ABCEF)$$
$$- P(BCEF) - P(ABCE) + P(ABCDEF)$$
$$+ P(ABCDEF) + P(ABCDE) + P(ABCEF)$$
$$- P(ABCDEF)$$

De aquí se obtiene que

$$R_S = 0.9514$$

PROBLEMA Nº 20

Calcular la fiabilidad del siguiente sistema, teniendo en cuenta que todos los componentes tienen la misma fiabilidad, $R = 95 \cdot 10^{-2}$.

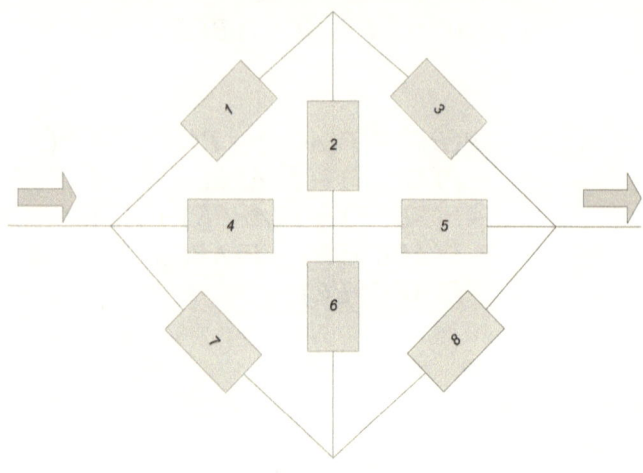

SOLUCIÓN

En este caso, puesto que vamos a calcular la probabilidad de fallo del sistema, utilizaremos el método de los cortes. Para ello, del esquema obtenemos directamente los cortes que hacen que no funcione el sistema.

MC1=3,5,8   MC5=3,5,6,7
MC2=1,4,7   MC6=2,3,4,7
MC3 =1,2,5,8   MC7=1,2,5,6,7
MC4=1,4,6,8   MC8=2,3,4,6,8

Estos cortes son los que hacen que el sistema falle. Ahora procederemos a analizarlos de forma individual cada uno de ellos, aunque la metodología será similar.

En cualquiera de estos cortes (cut sets), se cumplirá que el sistema funciona si no fallan todos sus componentes a la vez, por lo que a la hora de modelizar cada uno de estos subsistemas de corte y calcular su fiabilidad, los modelizaremos como sistemas en paralelo.

De este modo, la fiabilidad de cada corte tendrá el siguiente cálculo de fiabilidad:

$$R_{MC1} = R_{MC2} = 1 - (1 - R_3)(1 - R_5)(1 - R_8) = 1 - (1 - R)^3$$

$$R_{MC3} = R_{MC4} = 1 - (1 - R_1)(1 - R_2)(1 - R_5)(1 - R_8)$$
$$= 1 - (1 - R)^4$$

$$R_{MC7} = R_{MC8} = 1 - (1 - R_1)(1 - R_2)(1 - R_5)(1 - R_6)(1 - R_7) = 1 - (1 - R)^5$$

Los resultados para cada una de las fiabilidades en los cortes mínimos es:

$$R_{MC1} = R_{MC2} = 0.999875$$

$$R_{MC3} = R_{MC4} = R_{MC5} = R_{MC6} = 0.99999375$$

$$R_{MC7} = R_{MC8} = 0.9999996875$$

Una vez determinada la fiabilidad en cada uno de los cortes, procedemos a calcular la fiabilidad del sistema.

En este caso, la fiabilidad se modelizará como un sistema en serie, cuya fiabilidad se calculará del siguiente modo:

$$R_S = \prod R_{MCi} = 0.9994$$

PROBLEMAS PROPUESTOS

PROBLEMA Nº 1

La duración hasta el fallo de las lámparas de una determinada clase se distribuye aleatoriamente con función de densidad:

$$f(t) = 10^{-3} \cdot e^{-10^{-3} \cdot t}$$

Se selecciona una lámpara que lleva ya funcionando 500 horas. Calcular la probabilidad de que dicha lámpara llegue a funcionar más de 1500 horas.

PROBLEMA Nº 2

Determinar la probabilidad de que un vehículo que ha recorrido 34000 km satisfactoriamente, recorra 5000 km sin avería. Considerar que el tiempo hasta el fallo se distribuye según el modelo reducido de Weibull ($\theta = 49500, \beta = 2.6$).

PROBLEMA Nº 3

Obtener la expresión de la duración superada por el 90 % de los rodamientos de bolas si el tiempo hasta el fallo se distribuye según el modelo reducido de Weibull (θ, β).

PROBLEMA Nº 4

Una amplia experiencia en ventiladores de cierto tipo, empleados en motores diésel, ha sugerido que la distribución exponencial es un buen modelo para el tiempo hasta que se presenta un fallo.

Suponiendo que el tiempo medio hasta el fallo es de 25000 horas calcular la probabilidad de que un ventilador seleccionado al azar:

a) dure por lo menos 20000 horas,

b) dure a lo sumo 30000 horas,
c) dure entre 20000 y 30000 horas
d) la duración exceda el valor medio en más de 2 desviaciones estándar,
e) la duración exceda el valor medio en más de 3 desviaciones estándar.

PROBLEMA Nº 5

Una empresa se dedica al montaje de ordenadores personales. Recibe de un nuevo proveedor fuentes de alimentación en grandes lotes. Para realizar un control de calidad en recepción selecciona de forma aleatoria 100 uds para ser contrastado mediante un test que es detenido cuando han fallado 9 fuentes de alimentación. El tiempo hasta el fallo de las 9 uds fue el siguiente:

160, 215, 470, 515, 608, 660, 730, 920, 1000

Con la información anterior y suponiendo que los componentes se hayan en su periodo de fallos accidentales calcular:

a) la vida media y la tasa de fallo de las fuentes de alimentación
b) la fiabilidad a las 5500 horas
c) construir un intervalo de confianza del 95 % para la vida media
d) el proveedor afirma que la vida media de las fuentes de alimentación es mayor que 5500 horas, ¿es aceptable dicha afirmación?

CAPÍTULO 4

CASOS PRÁCTICOS

CASO 1:
LÍNEA DE DEPURACIÓN DE EFLUENTES INDUSTRIALES

Introducción

El proceso de fabricación al que se dedica una determinada empresa genera una serie de residuos líquidos que son tratados mediante una depuradora físico-química en continuo.

Uno de los componentes de la depuradora es el filtro prensa, éste se sitúa en último lugar, y es el encargado de filtrar los lodos obtenidos en las etapas anteriores y llevarlos a la sequedad para reducir de este modo el coste de la gestión de los mismos.

El ensayo de fiabilidad que explicaremos a continuación está referida a las telas filtrantes, uno de los componentes del filtro presa citado anteriormente.

El esquema clásico de un tratamiento de lodos por filtro-prensa es el siguiente:

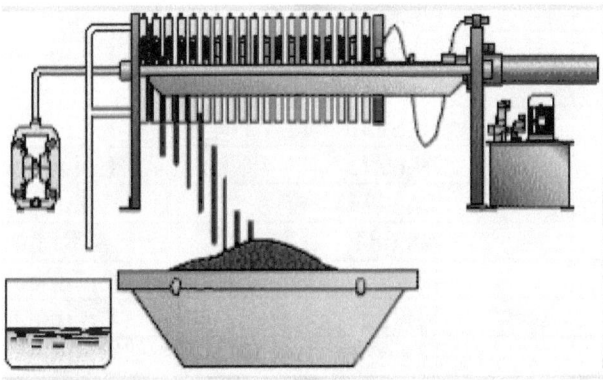

Obtención de los datos

Los datos se han extraído de los registros de control de procesos de la depuradora industrial de la empresa, a partir de un extracto resumen de todos los fallos acaecidos en la línea de depuración desde el 18/9/03 al 4/12/03.

Se han considerado fallos las paradas del proceso de depuración debidas a la colmatación de las telas y las debidas a la rotura de las mismas. Considerando el conjunto del ensayo como un test censurado o limitado por fallos, se ha elaborado la siguiente tabla:

Fallos	Duración de la tela	Causa del fallo
1	2.87733	Colmatación
2	3.0262	Colmatación
3	18.4502	Colmatación
4	21.282	Rotura
5	23.6429	Colmatación
6	39.2884	Colmatación
7	44.2096	Colmatación
8	49.6423	Colmatación
9	51.0258	Colmatación
10	59.9139	Rotura
11	64.3231	Colmatación
12	70.6766	Colmatación
13	71.9687	Rotura
14	78.5435	Colmatación
15	79.6775	Colmatación
16	85,3432	Colmatación
17	98.684	Rotura
18	107.709	Colmatación
19	128.553	Colmatación
20	168.335	Colmatación
21	188.074	Colmatación

22	222.766	Colmatación
23	346.701	Rotura
24	389.783	Colmatación
25	401.342	Rotura

Análisis de los datos

La fiabilidad de una unidad es la probabilidad de que se cumpla con éxito cierta misión que tiene asignada cuando la realiza bajo unas condiciones dadas.

Llamamos unidad a cada uno de los elementos objeto del estudio, en nuestro caso las telas filtrantes. La misión u objetivo que debe ser cumplido por éstas es la filtración final de los posibles residuos sólidos que permanezcan en los lodos una vez ya separados; el éxito sería la ausencia de fallo en el desarrollo de la misión, es decir, que las telas funcionasen durante su vida útil en ausencia de fallos.

Todos estos conceptos nos permiten dar una medida numérica de la seguridad de funcionamiento de las telas mencionadas, nos proporcionan la capacidad que tienen para cumplir con éxito la misión de filtrar.

En nuestro caso se va a utilizar el programa informático Statgraphics Plus, herramienta software desarrollada entre otras funciones para el cálculo de la fiabilidad. Nos permite obtener los parámetros de una distribución de componentes procedentes de un ensayo censurado o limitado por fallos el cual finaliza cuando han fallado un número determinado de componentes.

Para la realización del estudio hemos utilizado al herramienta gráfica del papel probabilístico de la distribución de Weibull. Como sabemos, este papel presenta las propiedades de ser pautado ortogonal y que presenta una escala logarítmica en el eje de las abcisas para la duración de los componentes t_i (en nuestro caso, se trata de litros de aguas residuales depuradas) y otra escala doblemente logarítmica, en el eje de ordenadas para la función de distribución muestral $F(t_i)$:

$$F(ti) = \frac{i - 0.3}{n + 0.4}$$

donde

> $i \rightarrow$ Número total de componentes que han fallado hasta el instante ti
> $n \rightarrow$ Tamaño de la muestra

La función de distribución muestral, es la frecuencia de fallos acumulada considerando una serie de correcciones.

Los pares de puntos (ti, F(ti)) se representan en el papel de Weibull. Cuando se tienen representados los valores en la gráfica se comprueba los valores en la gráfica se comprueba si los puntos siguen aproximadamente una recta, si no es así, significará que los tiempos de vida no son una distribución de Weibull.

Se han ajustado los parámetros a un modelo de Weibull, para lo que se realiza el papel probabilístico de Weibull para un ensayo completo. Introduciendo los datos históricos suministrados por la empresa en Statgraphics, obtenemos el siguiente gráfico.

Como se puede observar, los datos se distribuyen alrededor de una recta. Por tanto podemos concluir que se puede emplear el modelo de Weibull para el estudio.

Los parámetros obtenidos del ajuste han sido:

θ (parámetro de escala) es la vida característica de las telas de filtro. El valor obtenido es 113.346.

β (parámetro de forma o pendiente de Weibull) está relacionado con la tasa de fallos. El valor obtenido es 1.01499.

Weibull Plot

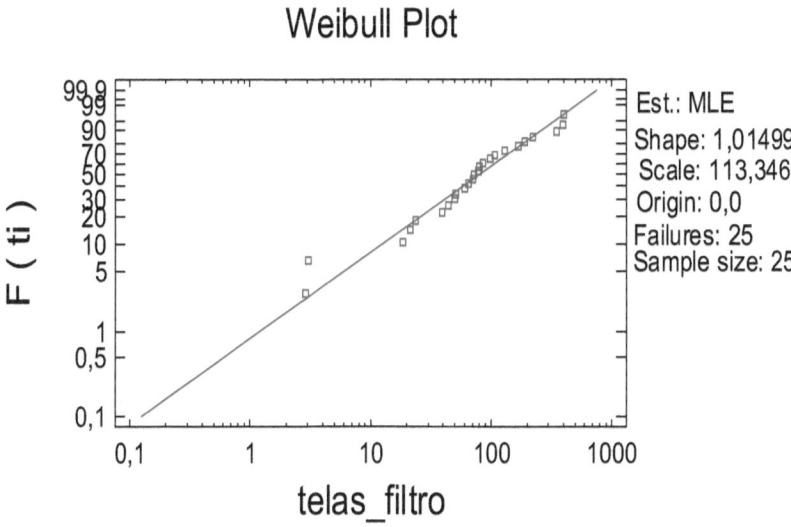

Est.: MLE
Shape: 1,01499
Scale: 113,346
Origin: 0,0
Failures: 25
Sample size: 25

F (ti)

telas_filtro

El parámetro de forma obtenido, β = 1.01499, muy próximo a la unidad, nos hace pensar que las telas del filtro prensa se encuentran dentro del periodo de vida útil de la curva de la bañera, y por esto, la utilización del modelo exponencial será más adecuada para realizar el estudio.

Evolución de la tasa de fallo λ (t)

Recordemos que:

$\beta > 1 \rightarrow$ Periodo de Fallos por Envejecimiento

$\beta = 1 \rightarrow$ Periodo de Vida Útil (Tasa de fallo constante)

$\beta < 1 \rightarrow$ Periodo de Fallos Precoces

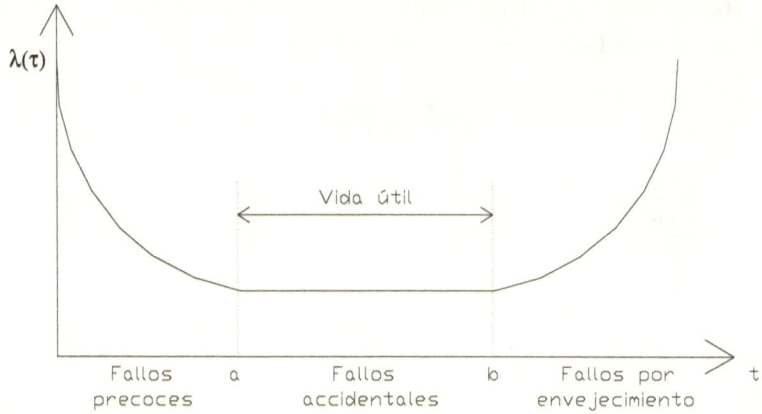

A la vista de la gráfica anterior y del parámetro de forma obtenido, podemos afirmar que las telas siguen un comportamiento según la distribución Exponencial.

Estudio de la fiabilidad

El estudio realizado nos permite obtener una serie de conclusiones, que reflejaremos a continuación mediante unas preguntas:

1. Valor de la Tasa de dallo y la mediana para la variable T

$$\lambda = \frac{f(t)}{R(t)} = \frac{1}{113.346} = 8.822 \cdot 10^{-3} \text{ fallos / hora}$$

$$\text{Mediana} \rightarrow R(t) \cong 50 \% = e^{-\lambda \cdot t}$$

Para sacar el valor de la mediana, tenemos que despejar t de su expresión correspondiente:

$$t = \frac{-\ln 0.5}{\lambda} = 78.56 \text{ horas}$$

2. **Probabilidad de que la tela funcione dos semanas seguidas, ocho horas al día, cinco días a la semana, sin parar.**

$$R\,(t) = e^{-\lambda \cdot t} = e^{-\lambda \cdot 80} = 0.4937 \cong 50\,\%$$

3. **Probabilidad de que la tela funcione tres semanas seguidas, ocho horas al día sin parar durante los cinco días laborables.**

$$R\,(t) = e^{-\lambda \cdot t} = e^{-\lambda \cdot 120} = 0.3469 \cong 34.7\,\%$$

4. **Probabilidad de que la tela funcione cuatro semanas seguidas (un mes), ocho horas al día, cinco días a la semana, sin parar.**

$$R\,(t) = e^{-\lambda \cdot t} = e^{-\lambda \cdot 160} = 0.2437 \cong 24.4\,\%$$

5. **Probabilidad de que la tela no filtre entre 2 y 4 semanas.**

$$F(t) = F(t_2) - F(t_1) = (1 - e^{-\lambda \cdot t_2}) - (1 - e^{-\lambda \cdot t_1}) = 0.7563 - 0.5063$$

$$= 0.25 \;\rightarrow\; 25\,\%$$

6. **El percentil 95 de la distribución.**

$$F(t_{95}) = 0.95 \;\rightarrow\; 1 - e^{-\lambda \cdot t_{95}} = 0.95 \;\rightarrow\; \ln e^{-\lambda \cdot t_{95}} = \ln 0.05 \;\rightarrow\;$$

$$t_{95} = 339.55 \text{ horas}$$

Luego existe un 95 % de probabilidad de que las telas se rompan o saturen antes de 42.44 días, por lo que sería recomendable revisar las telas de forma programada cada dos meses aproximadamente.

7. Si en la actualidad llevamos dos semanas trabajando sin reemplazar la telas, ¿Cuál es la probabilidad de trabajar dos semanas más sin realizar el reemplazamiento de las mismas?

$$P(T > 160 \, / \, T > 80) = \frac{P((T > 160) \cap (T > 80))}{P(T > 80)} = \frac{P(T > 160)}{P(T > 80)} =$$

$$\frac{e^{-\lambda t_{160}}}{e^{-\lambda t_{80}}} =$$

$$= e^{-\lambda(160-80)} = R(t_2 - t_1) = R(t=80) = 0.4937 \cong 50\%$$

Obtenemos el mismo resultado que habíamos obtenido en la cuestión dos, lo que nos demuestra que la función exponencial no tiene memoria, la probabilidad de que una unidad falle en un lapso específico de tiempo depende nada más de la duración de este y no del instante en el que comenzó la operación.

8. El MTBF (Mean Time between failure) en el periodo considerado

$$\theta = \sum_{i=1}^{n} \frac{t_i}{r} = \frac{2815'85}{25} = 112.63 \text{ horas.}$$

9. Determinar la fiabilidad para el tiempo medio hasta el fallo de las telas de filtraje pertenecientes a las placas del filtro prensa.

Cuando la duración de la misión coincide con la vida media,

$$t = 1/\lambda = \frac{1}{8.822 \cdot 10^{-3}} = 113.346 \text{ horas}$$

$$R(t) = e^{-\lambda \cdot t} = e^{-\lambda \cdot 113.346} = 0.36788 \cong 37\ \%$$

La vida media es alcanzada solamente por un 37% de la población estudiada, como consecuencia del carácter asimétrico de la distribución.

10.   Determinación del intervalo de confianza de la vida media de las telas de filtraje.

Al tener un ensayo censurado o limitado por fallos que se ha detenido en los 25 primeros tendremos :

$$\frac{2T}{\chi_{2r}^{2(\frac{\alpha}{2})}} > \theta > \frac{2T}{\chi_{2r}^{2.(1-\frac{\alpha}{2})}}$$

α, es el nivel de significación (0.05)

T = 2815.85 horas (calculado en el apartado 8)

Una vez obtenido el valor de T calculamos el valor de Chi-cuadrado para dos grados de libertad (r = 25), (2r = 50) y $\alpha = 5\%$ (Anexo 2):

$$\frac{2 \cdot 2815'85}{71.420} > \theta > \frac{2 \cdot 2815'85}{32.357}$$

$$78.85 \le \theta < 174.04$$

El valor que obtuvimos para θ mediante el programa Statgraphics fue 113.346, que se encuentra dentro del intervalo calculado.

11.   La empresa Rösler S.A. proveedora del filtro prensa, especificó en el Pliego de condiciones del Proyecto de la estación depuradora, que la vida media de las telas de filtraje era superior a dos semanas, ¿Fue cierta esta afirmación?

Para comprobar que las telas cumplen el requisito especificado por el proveedor, plantearemos un Test de Hipótesis.

La hipótesis nula que se plantea es

$$H_0 \;\rightarrow\; \theta_0 \geq 80 \text{ horas}$$

Nos proporciona el valor del parámetro que queremos comprobar. La hipótesis alternativa es

$$H_1 \;\rightarrow\; \theta_0 < 80 \text{ horas}$$

Esta última hipótesis nos indica los posibles valores que puede tomar el parámetro en caso de no cumplirse la hipótesis nula.

Como consecuencia de esto:

$$\frac{2T}{\theta_0} > \chi_{2r}^{2(1-\alpha)} \rightarrow Acepto\, H_0$$

$$\frac{2T}{\theta_0} < \chi_{2r}^{2(1-\alpha)} \rightarrow \text{Rechazo } H_0 \;\rightarrow\; \text{Acepto } H_1$$

Como sabemos el valor de T = 2815.85 horas y θ_0 = 80 horas entonces:

$$\frac{2T}{\theta_0} = \frac{2 \cdot 2815.85}{80} = 70.39$$

$$\chi_{50}^{2(1-0.05)} = 34.764$$

$$\chi_{2r}^{2(1-\alpha)} = \chi_{50}^{2(1-0.05)} = 34.764 \quad \rightarrow \quad \frac{2 \cdot T}{\theta_0} = 70.39 > 34.764$$

$$\rightarrow \text{ Aceptamos } H_0$$

Como aceptamos la hipótesis nula, el fabricante está en lo cierto respecto a su afirmación realizada en el Pliego.

Conclusiones

> ➤ La probabilidad de que las telas de las placas del filtro prensa funcionen 80 horas (2 semanas), es la misma que llevando 80 horas funcionando, funcione 80 horas más sin parar, lo que prueba que la función exponencial no tiene memoria.

> ➤ La vida media de la distribución sólo es alcanzada por el 37% de la población estudiada, debido al carácter asimétrico de la distribución exponencial.

> ➤ El percentil 95 de la distribución es aproximadamente igual a 42.44 días, esto implica que existe un 95% de probabilidad de que las telas se rompan o colmaten antes de 42.44 días, por tanto, sería conveniente realizar una inspección por mantenimiento programada cada 2 meses aproximadamente.

➢ El intervalo de confianza de la vida media para las telas de filtraje, para un 95% es $78.85 \leq \theta \leq 174.04$, encontrándose θ obtenida por Statgraphics dentro del mismo.

➢ La empresa proveedora. cumple la especificación de la vida media que indicó en el Pliego de Condiciones (superior a 2 semanas).

CASO 2:

LAVAVAJILLAS

Introducción

En el caso sometido a estudio, los datos que se disponen indican las horas de funcionamiento de un lavavajillas hasta el fallo, por tanto se trata de un ensayo completo, que termina cuando falle la unidad ensayada.

Análisis de los datos

Los datos que se disponen han sido obtenidos mediante un ensayo completo, ya que el ensayo no se ha detenido hasta que no se han averiado dichos lavavajillas

Se han ajustado los parámetros a un modelo de Weibull, para lo que se realiza el papel probabilístico de Weibull para un ensayo completo, en el cual se representan:

Eje x: t_i, tiempo hasta el fallo.

Eje y: $F(t_i)$ que es la probabilidad acumulada de tiempo hasta el fallo.

Para calcular $F(t_i)$ como disponemos de 26 datos utilizaremos la expresión:

$$F(t_i) = \frac{i}{n+1}$$

Con:

i : Orden en el que fallan los componentes.

n : Tamaño de la muestra.

En la siguiente tabla tenemos, por tanto, los datos iniciales y la función de probabilidad acumulada en cada caso.

i	Duración hasta el fallo (horas)	$F_i(t_i)$	i	Duración hasta el fallo (horas)	$F_i(t_i)$
1	172	0.03703704	14	2211	0.51851852
2	248	0.07407407	15	2431	0.55555556
3	586	0.11111111	16	2835	0.59259259
4	824	0.14814815	17	2837	0.62962963
5	848	0.18518519	18	3123	0.66666667
6	856	0.22222222	19	3257	0.70370370
7	1055	0.25925926	20	3553	0,74074074
8	1487	0.29629630	21	3913	0.77777778
9	1797	0.33333333	22	4053	0.81481481
10	1825	0.37037037	23	4069	0.85185185
11	1971	0.40740741	24	4395	0.88888889
12	2123	0.44444444	25	4663	0.92592593
13	2125	0.48148148	26	5015	0.96296296

Al representar los puntos $(t_i, F(t_i))$ en el papel probabilístico de Weibull (adjuntado a continuación) se puede observar que estos datos se ajustan a una recta, por lo que el modelo de Weibull es adecuado para explicar los datos.

A partir del papel probabilístico estimamos los parámetros que caracterizan el modelo de Weibull:

$$\beta = 1.6 \qquad \theta = 2840$$

Dependiendo del valor que tome el parámetro β se ajustará a un tipo de distribución u otro:

β	Distribución
$0 < \beta < 1$	Weibull
$\beta = 1$	Exponencial
$1 < \beta < 3.2$	Weibull
$\beta > 3.2$	Normal

1. Comprobación de la memoria del modelo.

Sabiendo que este lavavajillas lleva funcionando 80 horas, ¿cuál es la probabilidad de que funcione 120 horas? Comprobar si dicha probabilidad coincide con la probabilidad de que el lavavajillas funcione 40 horas desde su reparación.

$$P(A/B) = \frac{P(A \cap B)}{P(B)}$$

$$R(120/80) = \frac{P(T > 120 \cap T > 80)}{P(T > 80)} = \frac{P(T > 120) \cap P(T > 80)}{P(T > 80)} =$$

$$\frac{P(T > 120)}{P(T > 80)} = \frac{R(120)}{R(80)}$$

Sustituyendo los valores de $\beta = 1.6$ y $\theta = 2840$ en la siguiente fórmula de la Función de Fiabilidad:

$$R(T) = e^{-\left(\frac{t}{2840}\right)^{1'6}}$$

$$R(120/80) = \frac{e^{-\left(\frac{120}{2840}\right)^{1'6}}}{e^{-\left(\frac{80}{2840}\right)^{1'6}}} = \frac{0.9937}{0.9967} = 0.9970$$

Se comprueba si coincide con la fiabilidad a los 40 meses, partiendo de que el lavavajillas ha sido reparado:

$$R(40) = P(T > 40) = e^{-\left(\frac{40}{2840}\right)^{1'6}} = 0.9989$$

Con esto se comprueba que el modelo de Weibull tiene memoria, es decir, "recuerda que el lavavajillas lleva 40 horas en funcionamiento".

$$R(120/80) \neq R(40)$$

2. **Calcular la vida media y la vida mediana de la distribución.**

la vida media es:

$$E(t) = \theta \left(\Gamma \left(1 + \frac{1}{\beta} \right) \right)$$

$E(t) = 2840 \cdot (\Gamma(1.625)) = 2840 \cdot 0.89658 = 2546.2872$

La vida mediana es:

$$F_T (t_p) = p$$

$$t_p = t_{50\%}$$

$$P (T \leq t_p) = 1- e^{-\left[\frac{t_p}{\theta}\right]^{\beta}} = p$$

Despejando, se llega a la siguiente ecuación:

$$t_p = \theta[-\ln (1-p)]^{\frac{1}{\beta}}$$

$$t_{0.5} = 2840[-\ln(1-0.5)]^{1.6} = 1579.934$$

3. **¿Cuál sería el periodo óptimo de cambio del componente que hace fallar el lavavajillas para una fiabilidad del 90%?**

Utilizando la función de Fiabilidad R(t):

$$R(t) = e^{-\left(\frac{t}{\theta}\right)^{\beta}}$$

Así se tiene que:

$$R(t) = e^{-\left(\frac{t}{2840}\right)^{1.6}} = 0.90$$

$$-\left(\frac{t}{2840}\right)^{1.6} = \ln(0.90)$$

$$t = 695.812 \ horas$$

Entonces, para obtener una fiabilidad del 90% se debería cambiar el componente a las 695 horas aproximadamente.

4. Suponiendo que el servicio técnico incluye una revisión a los 12 meses, determinar la probabilidad de fallo en ese periodo (suponiendo que cada día los lavavajillas funcionan 2 horas).

En primer lugar se calculan las horas de funcionamiento en esos 12 meses, que serán 720. La probabilidad de fallo antes de los 12 meses será:

$$F(t) = P(T \leq 720) = 1 - R(t) = 1 - e^{-\left(\frac{t}{\theta}\right)^{\beta}} = 1 - e^{-\left(\frac{720}{2840}\right)^{1.6}} =$$
$$= 0.1053 \quad \rightarrow \quad 10{,}53\%$$

5. Determinar un intervalo de confianza al 95% de la vida media del lavavajillas.

Debido a la aproximación que existe entre β y 1, se va a considerar, para el estudio de los intervalos de confianza y el test de hipótesis de la vida media, que el modelo se distribuye exponencialmente.

$$\beta = 1.6 \approx 1$$

Como cambiamos el componente cuando se rompe, consideramos que se trata de un ensayo con reemplazamiento, por lo tanto:

r = 26

$\alpha = 0.05$

T = 62272

$$\frac{2T}{\chi^{2 \cdot (\alpha/2)}_{2 \cdot r}} \leq \theta \leq \frac{2T}{\chi^{2 \cdot (1-\alpha/2)}_{2 \cdot r}}$$

$$\frac{2 \cdot 62272}{\chi_{2 \cdot 26}^{2 \cdot (0.05/2)}} \leq \theta \leq \frac{2 \cdot 62272}{\chi_{2 \cdot 26}^{2 \cdot (1-0.05/2)}}$$

Para obtener $\chi^2{}_{52}$, se debe interpolar (Anexo 2):

$$\frac{\chi_{52}^{0.025} - \chi_{50}^{0.025}}{52 - 50} = \frac{\chi_{60}^{0.025} - \chi_{50}^{0.025}}{60 - 50} \quad \rightarrow \quad \chi_{52}^{0.025} = 73.7956$$

$$\frac{\chi_{52}^{0.975} - \chi_{50}^{0.975}}{52 - 50} = \frac{\chi_{60}^{0.975} - \chi_{50}^{0.975}}{60 - 50} \quad \rightarrow \quad \chi_{52}^{0.975} = 33.95696$$

Sustituyendo, queda:

$$\frac{124544}{73.7956} \leq \theta \leq \frac{124544}{33.95696}$$

Por lo que el intervalo de confianza para el 95% es:

$$\theta \in \left[1687.688 \, , \, 3667.702\right]$$

6. El fabricante de los lavavajillas especifica en las características técnicas de los mismos que su vida media es superior a 2000 horas. ¿Es aceptable esta afirmación?

Para comprobar si esta afirmación es o no cierta se emplea el contraste de hipótesis considerando que se trata de un ensayo censurado.

Para resolver este tipo de contraste se compara el valor estimado del parámetro poblacional con un valor crítico determinado en función de las hipótesis planteadas. De esta forma se acepta o se rechaza la hipótesis nula en función de si este parámetro muestral sobrepasa o no el valor crítico.

Fijando en un 5% la probabilidad de error que se quiere cometer, se toma como hipótesis nula que la vida media sea superior 2000 horas, y como hipótesis alternativa que dicha vida sea inferior a 2000 horas, es decir:

$$H_0 : \theta > 2000$$
$$H_1 : \theta < 2000$$

$$\chi_{2 \cdot 26}^{2 \cdot (1-\alpha)} = \chi_{52}^{2 \cdot (0.95)}$$

Interpolando (Anexo 2), de nuevo, se obtiene que:

$$\chi_{52}^{2 \cdot (0.95)} = 36.4488$$

$$\frac{2T}{\theta} = \frac{2 \cdot 62272}{2000} = 62.272$$

Como 62.272 > 36.448, se acepta la hipótesis nula, y se puede afirmar que la vida media de los lavavajillas es mayor de 2000 horas.

CAPÍTULO 5

PRÁCTICAS DE LABORATORIO

EJERCÍCIO 1

El ejercicio consiste en la realización de la estimación paramétrica del modelo que mejor se ajuste a datos experimentales. En el fichero EIPRAC5 se encuentran los datos referentes a la práctica de fiabilidad.

Se ha realizado un ensayo para estudiar la duración de vida de unos componentes electrónicos. Para ello se sometieron a prueba 100 unidades hasta el fallo de todas y se han observado los tiempos hasta el fallo recogidos en la variable "componente1".

1. **Representar el histograma de la variable tiempo hasta el fallo ¿qué modelo se podría ajustar bien a estos datos?**

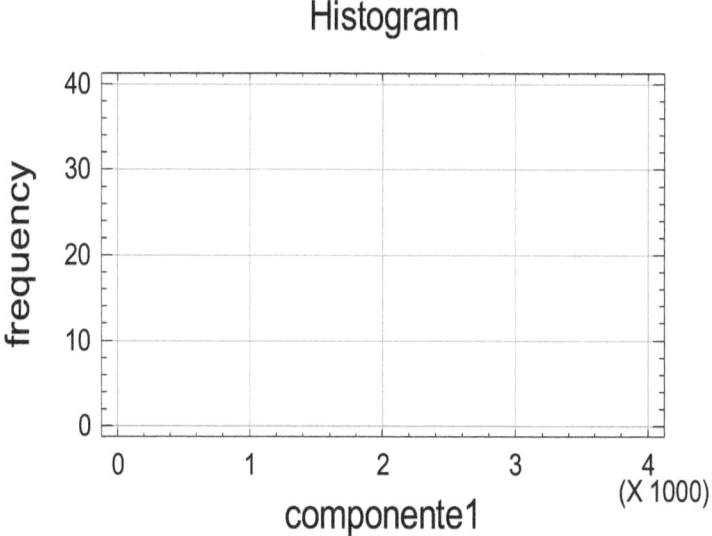

2. Para el modelo seleccionado estimar la vida media de los componentes, la vida mediana y la varianza del tiempo hasta el fallo. ¿Es en este caso una buena medida del tiempo medio hasta el fallo la media de la distribución?

Vida media=

Vida mediana=

Varianza=

Conclusiones:

3. Mediante el uso del papel probabilístico correspondiente estimar los parámetros de la distribución:

Weibull Probability Plot

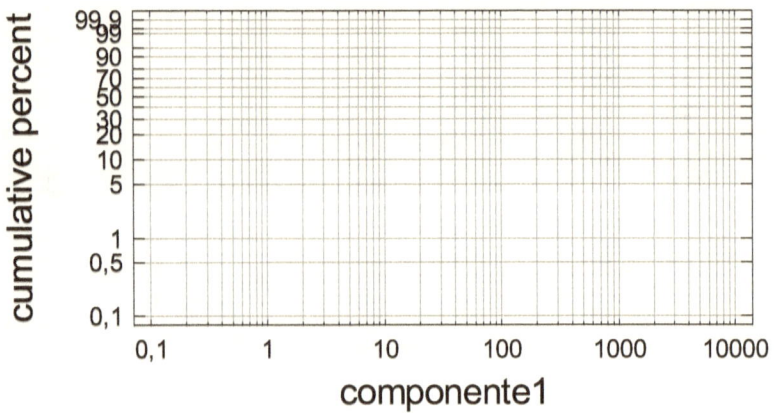

Conclusiones:

4. Una vez seleccionado el modelo que mejor se ajusta, representar gráficamente las siguientes funciones:

Función de densidad

Función de fiabilidad

Tasa de fallos en función del tiempo

EJERCÍCIO 2

En este ejercicio vamos a obtener la función de fiabilidad (o supervivencia) empírica (estimación no paramétrica) en el estudio del tiempo hasta el fallo de un componente electrónico cuyas duraciones se encuentran en la variable componente1 en el fichero EIPRAC5. Las tareas a realizar son las siguientes:

1. Obtener la tabla de la función de supervivenvia o fiabilidad.

2. Representar gráficamente las funciones de supervivenvia o fiabilidad (survival function), la tasa de fallos acumulada (cumulative hazard function).

3. A la vista de los gráficos anteriores responder a las siguientes cuestiones:

    a) ¿Cuál es la fiabilidad para el instante 100? ¿y para el 140? ¿y para el 150? Comentar estos resultados.

    b) Observando la tasa de fallos acumulada ¿en qué fase de la curva de la bañera se haya el componente?

Tabla de la función de supervivenvia

```
Analysis Summary

Data variable: componente1

Product-Limit (Kaplan-Meier) Estimates

                                   Number at      Cumulative
Standard        Cumulative
Row     Time              Status   Risk           Survival
Error           Hazard
------------------------------------------------------------

100

140

150

------------------------------------------------------------
Mean survival time =             Standard error =
```

Conclusiones:

Función de fiabilidad

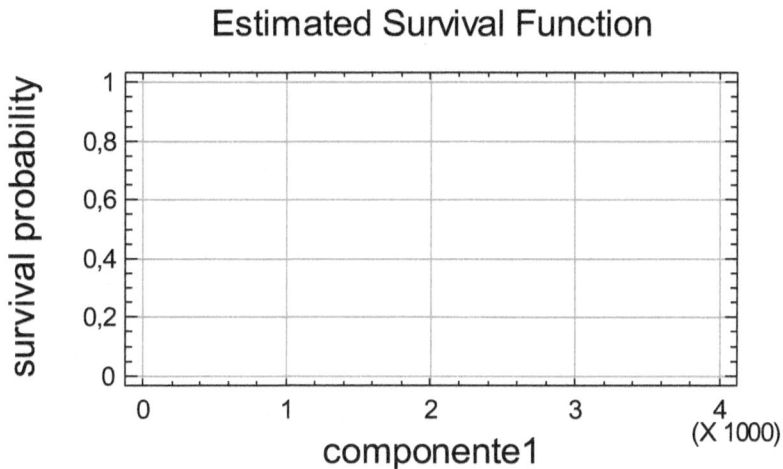

Tasa de fallos acumulada

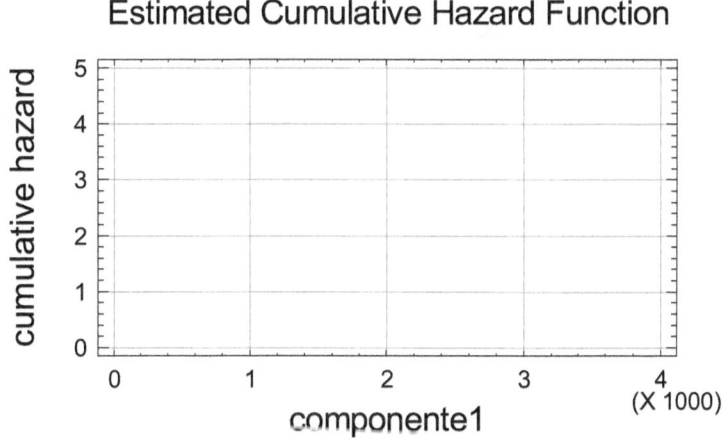

EJERCÍCIO 3

Para estudiar el efecto de un tratamiento de pintura especial sobre la duración de de ciertos componentes industriales frente al calor, se seleccionaron al azar 42 unidades, tratándose la mitad con dicha pintura. Los resultados del ensayo se recogen en el fichero PINTADO. Las tareas a realizar son las siguientes:

1. Obtener la tabla de la función de supervivenvia o fiabilidad.

2. Representar gráficamente las funciones de supervivenvia o fiabilidad (survival function) de ambos tratamientos.

3. A la vista de los resultados anteriores responder a las siguientes cuestiones:

    a) ¿Cuál es la fiabilidad para el instante 30.000? ¿y para el 40.000? Comentar estos resultados.

    b) ¿Existen diferencias significativas debido al tratamiento recibido por la pieza.

    c) Realizar un ajuste paramétrico del modelo.

Tabla de la función de fiabilidad según el tratamiento recibido

```
Analysis Summary

Data variable: duraciones
Censoring: censura
Groups: tratamiento
Number of groups = 2
```

Product-Limit (Kaplan-Meier) Estimates
tratamiento = no pintado

Row	Time	Status	Number at Risk	Cumulative Survival	Standard Error	Cumulative Hazard
22	1500,0	FAILED	20			
23	1500,0	FAILED	19	0,9048	0,0641	0,1001
24	3000,0	FAILED	18			
25	3000,0	FAILED	17	0,8095	0,0857	0,2113
26	4500,0	FAILED	16	0,7619	0,0929	0,2719
27	6000,0	FAILED	15			
28	6000,0	FAILED	14	0,6667	0,1029	0,4055
29	7500,0	FAILED	13			
30	7500,0	FAILED	12	0,5714	0,1080	0,5596
31	12000,0	FAILED	11			
32	12000,0	FAILED	10			
33	12000,0	FAILED	9			
34	12000,0	FAILED	8	0,3810	0,1060	0,9651
35	16500,0	FAILED	7			
36	16500,0	FAILED	6	0,2857	0,0986	1,2528
37	18000,0	FAILED	5			
38	18000,0	FAILED	4	0,1905	0,0857	1,6582
39	22500,0	FAILED	3	0,1429	0,0764	1,9459
40	25500,0	FAILED	2	0,0952	0,0641	2,3514
41	33000,0	FAILED	1	0,0476	0,0465	3,0445
42	34500,0	FAILED	0	0,0000	0,0000	

Mean survival time = 13000,0   Standard error = 2117,11

tratamiento = pintado

Row	Time	Status	Number at Risk	Cumulative Survival	Standard Error	Cumulative Hazard
1	9000,0	FAILED	20			
2	9000,0	FAILED	19			
3	9000,0	FAILED	18	0,8571	0,0764	0,1542
4	9000,0	WITHDRAWN	17			
5	10500,0	WITHDRAWN	16			
6	13500,0	FAILED	15	0,8036	0,0884	0,2187
7	15000,0	WITHDRAWN	14			
8	15000,0	WITHDRAWN	13			
9	16500,0	FAILED	12	0,7418	0,1009	0,2987
10	19500,0	FAILED	11	0,6799	0,1098	0,3857
11	24000,0	WITHDRAWN	10			
12	25500,0	WITHDRAWN	9			
13	28500,0	WITHDRAWN	8			
14	30000,0	FAILED	7	0,5950	0,1247	0,5193
15	33000,0	FAILED	6	0,5100	0,1327	0,6734
16	34500,0	WITHDRAWN	5			
17	37500,0	WITHDRAWN	4			
18	48000,0	WITHDRAWN	3			
19	48000,0	WITHDRAWN	2			
20	51000,0	WITHDRAWN	1			
21	52500,0	FAILED	0	0,0000	0,0000	

Mean survival time = 36361,6   Standard error = 4514,26

Conclusiones:

Función de fiabilidad de ambos tratamientos

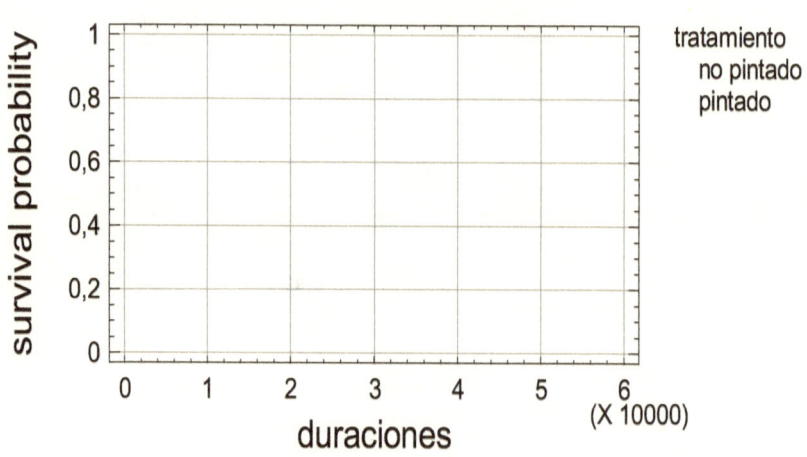

Conclusiones:

Comparación de tratamientos

```
Logrank test
------------
Chi-square =
P-value =

Wilcoxon test
-------------
Chi-square =
P-value =
```

Conclusiones:

Ajuste paramétrico con datos censurados

Weibull Plot

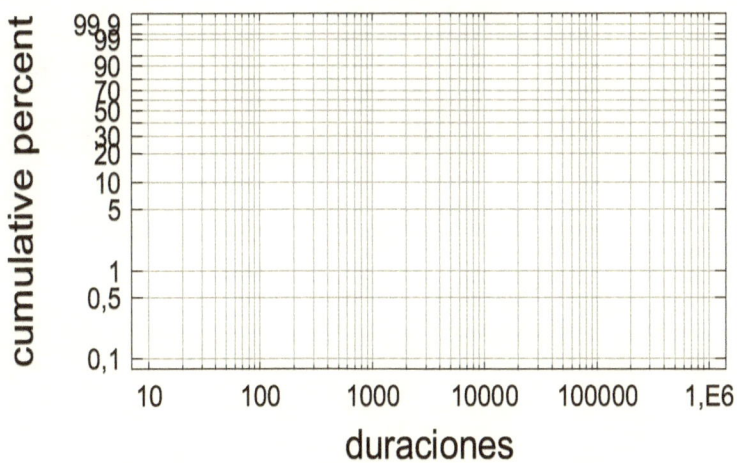

Conclusiones:

COMENTARIOS A LOS EJERCICIOS

Ejercicio 1

En primer lugar se introducen los datos o se carga la variable con los datos del problema a analizar. Para realizar el histograma nos vamos a PLOT...EXPLORATORY PLOTS...FREQUENCY HISTOGRAM. Tenemos que tener la precaución de elegir el número de intervalos que queremos y que la variable es positiva y por tanto debe de empezar a tomar valores en 0.

A continuación vamos al menú:

DESCRIBE....DISTRIBUTIONS...PROBAILITY PLOTS

Ejercicio 2

En primer lugar se introducen los datos o se carga la variable con los datos del problema a analizar. A continuación vamos al menú DESCRIBE....LIFE DATA ...LIFE TABLES (TIMES). En este ejercicio se va atrabajar con datos no censurados (todos los componentes han fallado antes de terminar el ensayo). En el caso de trabajar con datos censurados se debe introducir una nueva variable que indica si el dato es censurado o no.

En esta opción del programa sólo podemos obtener la tasa de fallos acumulada (Ht) y no la tasa de fallo instantánea (ht). Mediante la gráfica de la tasa de fallos acumulada podemos determinar si el componente se encuentra en su vida útil, o en su etapa de envejecimiento, o en su etapa de fallos precoces. Para ello tendremos en cuenta lo siguiente:

- Si Ht es una recta con pendiente positiva, entonces ht es constante y por tanto estamos en la fase de su vida útil.

- Si Ht es una curva creciente y convexa, entonces ht es creciente y por tanto estamos en la fase de envejecimiento o desgaste.

- Si Ht es una curva creciente y cóncava, entonces ht es decreciente y por tanto estamos en la fase de fallos precoces o infantiles.

Ejercicio 3

En este ejercicio vamos a obtener la función de fiabilidad (o supervivencia) empírica (estimación no paramétrica) en el estudio del tiempo hasta el fallo con datos censurados.). En el caso de trabajar con datos censurados se debe introducir una nueva variable que indica si el dato es censurado o no.

En primer lugar se introducen los datos o se carga la variable con los datos del problema a analizar. A continuación vamos al menú DESCRIBE....LIFE DATA ...LIFE TABLES (TIMES).

El fichero contiene las siguientes tres variables:

Duraciones: Contiene la duración de cada componente o el tiempo de censura.

Censura: variable binaria que toma el valor 1 si el dato está censurado y 0 cuando no lo está

Tratamiento: Indica si el componente ha sido pintado o no.

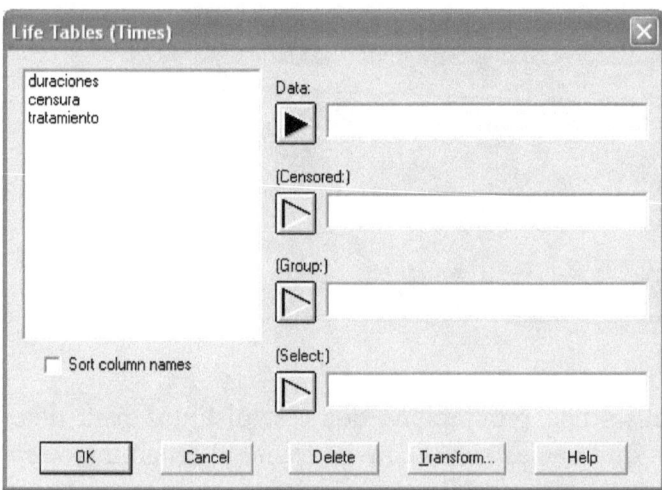

Introducimos los datos:

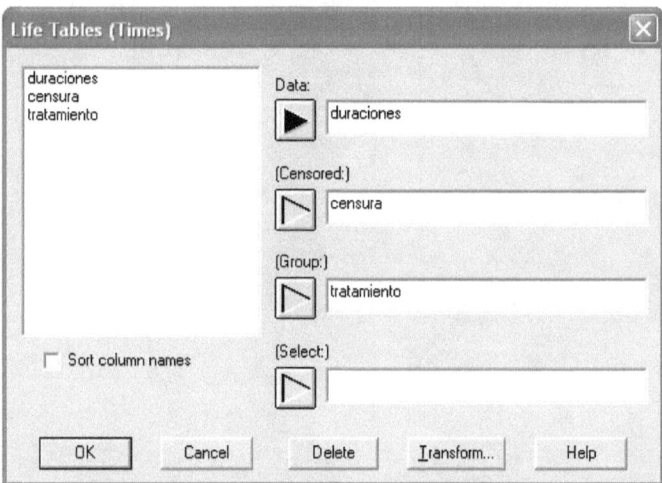

Para hacer una comparación de ambos grupos nos vamos a la opción de Tabular Options:

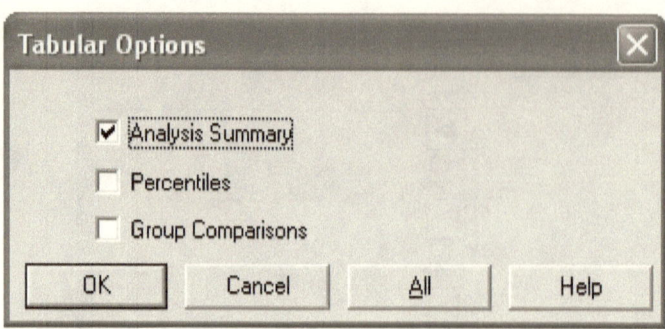

El análisis nos proporciona dos test distintos para determinar si existen diferencias significativas frente al tratamiento recibido por los componentes. Si el p-value del test es inferior al valor de alfa predeterminado (0.05) entonces existen diferencias significativas.

Para realizar un ajuste paramétrico del modelo con datos censurados nos vamos a DESCRIBE....LIFE DATA...WEIBULL ANALYSIS.

Estimated Survival Function

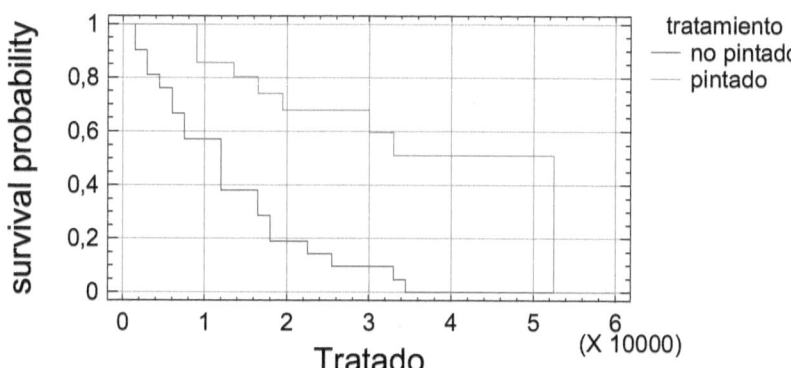

Comparison of Groups

Group	Total	Failed	Withdrawn	Proportion Withdrawn
no pintado	21	21	0	0,0000
pintado	21	9	12	0,5714
Total	42	30	12	0,2857

Logrank test

Chi-square = 17,8944
P-value = 0,0000233515

Wilcoxon test

Chi-square = 14,4138
P-value = 0,000146726

The StatAdvisor

    This table displays information regarding each group of data
values.   It shows the total number of items tabulated, the number of
items which failed, the number withdrawn or censored, and the
proportion of censored items.   Two tests have also been performed to
determine whether there is a statistically significant difference
between the survival probabilities of the 2 groups.   Since the
smallest P-value is less than 0.01, there is a statistically
significant difference between the groups at the 99% confidence level.

Analysis Summary

Data variable: Tratado
Censoring: censura
Groups: tratamiento
Number of groups = 2

Product-Limit (Kaplan-Meier) Estimates

tratamiento = no pintado

Row	Time	Status	Number at Risk	Cumulative Survival	Standard Error	Cumula Hazard
22	1500,0	FAILED	20			
23	1500,0	FAILED	19	0,9048	0,0641	0,100
24	3000,0	FAILED	18			
25	3000,0	FAILED	17	0,8095	0,0857	0,211
26	4500,0	FAILED	16	0,7619	0,0929	0,271
27	6000,0	FAILED	15			
28	6000,0	FAILED	14	0,6667	0,1029	0,405
29	7500,0	FAILED	13			
30	7500,0	FAILED	12	0,5714	0,1080	0,559
31	12000,0	FAILED	11			
32	12000,0	FAILED	10			
33	12000,0	FAILED	9			
34	12000,0	FAILED	8	0,3810	0,1060	0,965
35	16500,0	FAILED	7			
36	16500,0	FAILED	6	0,2857	0,0986	1,252
37	18000,0	FAILED	5			
38	18000,0	FAILED	4	0,1905	0,0857	1,658
39	22500,0	FAILED	3	0,1429	0,0764	1,945
40	25500,0	FAILED	2	0,0952	0,0641	2,351
41	33000,0	FAILED	1	0,0476	0,0465	3,044
42	34500,0	FAILED	0	0,0000	0,0000	

Mean survival time = 13000,0   Standard error = 2117,11

tratamiento = pintado

Row	Time	Status	Number at Risk	Cumulative Survival	Standard Error	Cumula Hazard
1	9000,0	FAILED	20			
2	9000,0	FAILED	19			
3	9000,0	FAILED	18	0,8571	0,0764	0,154
4	9000,0	WITHDRAWN	17			
5	10500,0	WITHDRAWN	16			
6	13500,0	FAILED	15	0,8036	0,0884	0,218
7	15000,0	WITHDRAWN	14			
8	15000,0	WITHDRAWN	13			
9	16500,0	FAILED	12	0,7418	0,1009	0,298
10	19500,0	FAILED	11	0,6799	0,1098	0,385
11	24000,0	WITHDRAWN	10			
12	25500,0	WITHDRAWN	9			
13	28500,0	WITHDRAWN	8			
14	30000,0	FAILED	7	0,5950	0,1247	0,519
15	33000,0	FAILED	6	0,5100	0,1327	0,673
16	34500,0	WITHDRAWN	5			
17	37500,0	WITHDRAWN	4			
18	48000,0	WITHDRAWN	3			
19	48000,0	WITHDRAWN	2			
20	51000,0	WITHDRAWN	1			
21	52500,0	FAILED	0	0,0000	0,0000	

Mean survival time = 36361,6   Standard error = 4514,26

Weibull Plot

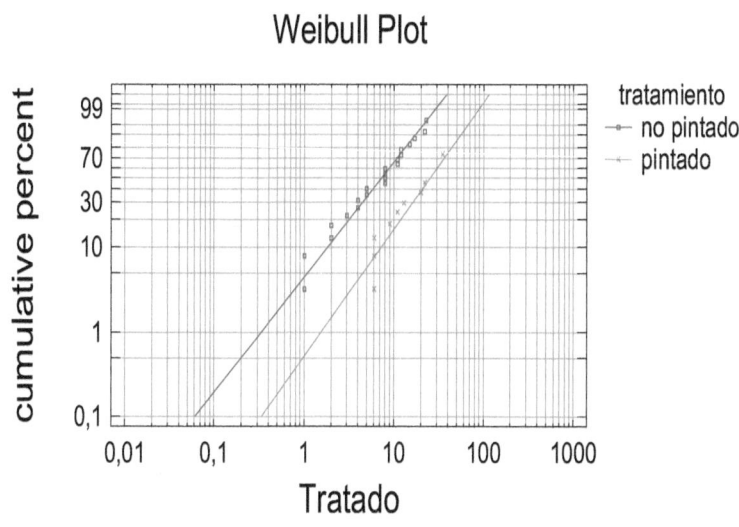

Weibull Distribution

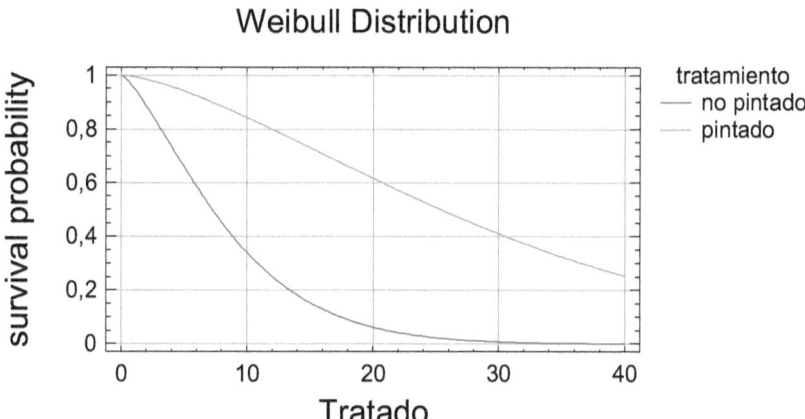

Fiabilidad Industrial

```
Analysis Summary

Data variable: Tratado
Censoring: censura
Groups: tratamiento
Number of groups = 2
Estimation method: maximum likelihood

                Sample    Number of   Estimated    Estimated
Group           Size      Failures    Shape        Scale
-------------------------------------------------------------
no pintado      21        21          1,3705       9,48214
pintado         21        9           1,50716      32,3886
```

Tratado	censura	tratamiento
6	0	pintado
6	0	pintado
6	0	pintado
6	1	pintado
7	1	pintado
9	0	pintado
10	1	pintado
10	1	pintado
11	0	pintado
13	0	pintado
16	1	pintado
17	1	pintado
19	1	pintado
20	0	pintado
22	0	pintado
23	1	pintado
25	1	pintado
32	1	pintado
32	1	pintado
34	1	pintado
35	0	pintado
1	0	no pintado

1	0	no pintado
2	0	no pintado
2	0	no pintado
3	0	no pintado
4	0	no pintado
4	0	no pintado
5	0	no pintado
5	0	no pintado
8	0	no pintado
8	0	no pintado
8	0	no pintado
8	0	no pintado
11	0	no pintado
11	0	no pintado
12	0	no pintado
12	0	no pintado
15	0	no pintado
17	0	no pintado
22	0	no pintado
23	0	no pintado

Anexo 1.

Tabla valores función gamma $\Gamma(\cdot)$.

Ejemplo: $\Gamma(1+0.5)= \Gamma(1.5)= 0.8862$

x	$\Gamma(x)$	x	$\Gamma(x)$
1.00	1.0000	1.50	0.8862
1.01	0.9943	1.51	0.8866
1.02	0.9888	1.52	0.8870
1.03	0.9835	1.53	0.8876
1.04	0.9784	1.54	0.8882
1.05	0.9735	1.55	0.8889
1.06	0.9687	1.56	0.8896
1.07	0.9642	1.57	0.8905
1.08	0.9597	1.58	0.8914
1.09	0.9555	1.59	0.8924
1.10	0.9514	1.60	0.8935
1.11	0.9474	1.61	0.8947
1.12	0.9436	1.62	0.8959
1.13	0.9399	1.63	0.8972
1.14	0.9364	1.64	0.8986
1.15	0.9330	1.65	0.9001
1.16	0.9298	1.66	0.9017
1.17	0.9267	1.67	0.9033
1.18	0.9237	1.68	0.9050
1.19	0.9209	1.69	0.9068
1.20	0.9182	1.70	0.9086
1.21	0.9156	1.71	0.9106
1.22	0.9131	1.72	0.9126
1.23	0.9108	1.73	0.9147
1.24	0.9085	1.74	0.9168

1.25	0.9064		1.75	0.9191
1.26	0.9044		1.76	0.9214
1.27	0.9025		1.77	0.9238
1.28	0.9007		1.78	0.9262
1.29	0.8990		1.79	0.9288
1.30	0.8975		1.80	0.9314
1.31	0.8960		1.81	0.9341
1.32	0.8946		1.82	0.9368
1.33	0.8934		1.83	0.9397
1.34	0.8922		1.84	0.9426
1.35	0.8912		1.85	0.9456
1.36	0.8902		1.86	0.9487
1.37	0.8893		1.87	0.9518
1.38	0.8885		1.88	0.9551
1.39	0.8879		1.89	0.9584
1.40	0.8873		1.90	0.9618
1.41	0.8868		1.91	0.9652
1.42	0.8864		1.92	0.9688
1.43	0.8860		1.93	0.9724
1.44	0.8858		1.94	0.9761
1.45	0.8857		1.95	0.9799
1.46	0.8856		1.96	0.9837
1.47	0.8856		1.97	0.9877
1.48	0.8857		1.98	0.9917
1.49	0.8859		1.99	0.9958
1.50	0.8862		2.00	1.0000

Anexo 2.

Tabla valores críticos distribución chi-cuadrado.

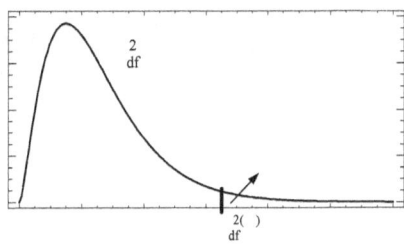

Por ejemplo, el valor crítico de una chi-cuadrado con 22 grados de libertad (*df*) para un alfa del 5 % sería:

$$\chi_{22}^{2(0.05)} = 33.925$$

$\chi_{df}^{2(\alpha)}$										
df	0.995	0.99	0.975	0.95	0.90	0.50	0.10	0.050	0.025	0.01	0.005
1	0.000	0.000	0.001	0.004	0.016	0.455	2.706	3.842	5.024	6.635	7.879
2	0.010	0.020	0.051	0.103	0.211	1.386	4.605	5.992	7.378	9.210	10.597
3	0.072	0.115	0.216	0.352	0.584	2.366	6.251	7.815	9.348	11.345	12.838
4	0.207	0.297	0.484	0.711	1.064	3.357	7.779	9.488	11.143	13.277	14.860
5	0.412	0.554	0.831	1.146	1.610	4.352	9.236	11.071	12.833	15.086	16.750
6	0.676	0.872	1.237	1.635	2.204	5.348	10.645	12.592	14.449	16.812	18.548
7	0.989	1.239	1.690	2.167	2.833	6.346	12.017	14.067	16.013	18.475	20.278
8	1.344	1.647	2.180	2.733	3.490	7.344	13.362	15.507	17.535	20.090	21.955
9	1.735	2.088	2.700	3.325	4.168	8.343	14.684	16.919	19.023	21.666	23.589
10	2.156	2.558	3.247	3.940	4.865	9.342	15.987	18.307	20.483	23.209	25.188
11	2.603	3.054	3.816	4.575	5.578	10.341	17.275	19.675	21.920	24.725	26.757
12	3.074	3.571	4.404	5.226	6.304	11.340	18.549	21.026	23.337	26.217	28.300
13	3.565	4.107	5.009	5.892	7.042	12.340	19.812	22.362	24.736	27.688	29.819
14	4.075	4.660	5.629	6.571	7.790	13.339	21.064	23.685	26.119	29.141	31.319
15	4.601	5.229	6.262	7.261	8.547	14.339	22.307	24.996	27.488	30.578	32.802

16	5.142	5.812	6.908	7.962	9.312	15.339	23.542	26.296	28.845	32.000	34.267
17	5.697	6.408	7.564	8.672	10.085	16.338	24.769	27.587	30.191	33.409	35.718
18	6.265	7.015	8.231	9.390	10.865	17.338	25.989	28.869	31.526	34.805	37.156
19	6.844	7.633	8.907	10.117	11.651	18.338	27.204	30.144	32.852	36.191	38.582
20	7.434	8.260	9.591	10.851	12.443	19.337	28.412	31.410	34.170	37.566	39.997
21	8.034	8.897	10.283	11.591	13.240	20.337	29.615	32.671	35.479	38.932	41.401
22	8.643	9.543	10.982	12.338	14.042	21.337	30.813	33.925	36.781	40.289	42.796
23	9.260	10.196	11.689	13.091	14.848	22.337	32.007	35.173	38.076	41.638	44.181
24	9.886	10.856	12.401	13.848	15.659	23.337	33.196	36.415	39.364	42.980	45.558
25	10.520	11.524	13.120	14.611	16.473	24.337	34.382	37.653	40.647	44.314	46.928
26	11.160	12.198	13.844	15.379	17.292	25.337	35.563	38.885	41.923	45.642	48.290
27	11.808	12.879	14.573	16.151	18.114	26.336	36.741	40.113	43.195	46.963	49.645
28	12.461	13.565	15.308	16.928	18.939	27.336	37.916	41.337	44.461	48.278	50.994
29	13.121	14.256	16.047	17.708	19.768	28.336	39.088	42.557	45.722	49.588	52.336
30	13.787	14.954	16.791	18.493	20.599	29.336	40.256	43.773	46.979	50.892	53.672
40	20.707	22.164	24.433	26.509	29.051	39.335	51.805	55.759	59.342	63.691	66.766
50	27.991	29.707	32.357	34.764	37.689	49.335	63.167	67.505	71.420	76.154	79.490
60	35.534	37.485	40.482	43.188	46.459	59.335	74.397	79.082	83.298	88.379	91.952
70	43.275	45.442	48.758	51.739	55.329	69.335	85.527	90.531	95.023	100.43	104.22
80	51.172	53.540	57.153	60.392	64.278	79.334	96.578	101.88	106.62	112.32	116.32
90	59.196	61.754	65.647	69.126	73.291	89.334	107.56	113.15	118.14	124.11	128.29
100	67.328	70.065	74.222	77.929	82.358	99.334	118.49	124.34	129.56	135.81	140.17